從「不需要」變「好想要」！
看見、讀完立刻買單的文字技巧

發黑的香蕉怎麼賣？

大橋一慶◎著　　韓宛庭◎譯
暢銷文案寫手

一分鐘搞懂行銷文案的本質

問題

　　請看下方畫的香蕉。這是熟到發黑，無法在水果行及超市擺出的過熟香蕉。換作是你，會用什麼宣傳標題來販賣這串香蕉呢？在此不限任何賣法。你可能會吐槽：「這太黑了，沒人想買吧！」但其實只要行銷文案下得好，變黑的香蕉絕對能成為「民眾瘋搶的商品」。一分鐘就好，請你和我一起動動腦。

想好了嗎？
回答範例請見二十頁。

前言 把「不需要」變「好想要」的寫作技巧

抱歉，一開頭就朝你丟出問題。你好，我是一位行銷文案工作者，說得白話一點，我靠販賣文字討飯吃，用文字讓商品大賣是我的專長。你可能會說：「太會往自己臉上貼金了吧？」、「很多可有可無的東西都賣得很好啊？」你說對了，**不管是任何商品，只要用對了介紹方法，都一定賣得出去。**

這是一本行銷文案的寫作教學書，目的是教你「如何寫出暢銷文案」。只要正確運用這套技術，再難賣的商品都能起死回生。這些年來，我寫了超過一千件行銷文案，驗證了一個事實：文案真的會影響銷量。以下是我從事行銷文案寫作以來，實際經手過的棘手案子，它們最後都有了好的結果，這還只是一小部分而已。

✓ 一瓶兩萬圓的雜牌護髮素（理髮廳專用）
✓ 生意差到創辦人必須去便利超商打工的冷清補習班
✓ 僅盯數十秒就能提升專注力的卡片
✓ 超過一千萬圓的昂貴金融商品
✓ 剛推出的雜牌高爾夫球桿
✓ 鍛練深層肌肉用的一萬圓健身道具
✓ 尚無實際銷售成績的行銷顧問公司
✓ 一台開價七十萬圓的治療儀器（推拿院和整骨院專用）
✓ 完全輸給競價對手的一萬圓牙膏
✓ 報名費高達五萬四千圓的課程講座
✓ 從來不曾賣出的系統空調
✓ 開在荒涼地區的昂貴一對一教學健身房
✓ 無人委託賣房的房仲廣告單

沒錯，我專靠文案把這些東西賣出去（左至右分別是：一瓶兩萬圓的雜牌護髮素、一支一萬圓的雜牌牙膏、提升專注力的神奇卡片、雜牌高爾夫球桿）。

　　當然，上述產品最後能夠順利賣出，絕大部分要歸功於客戶本身的行銷實力。**在種種暢銷原因的背後，行銷文案充其量只是一塊拼圖。不過，肯定是萬萬不能缺少的那一塊。**

　　請不要誤會，行銷文案並非靠著誇大不實的廣告詞，把沒必要的產品強迫推銷給不需要的人。任何商品，一定都有渴求得到它的消費者。

　　撰寫行銷文案要做的事，就是找出這些人，想出能打中他們的提案，把產品本身的魅力好好地說出來。這是一門把產品賣給「需要的人」的販售技術。

> 誇大不實的廣告詞，並不叫做行銷文案。

　　學習行銷文案不需要出眾的才華，不需要感性，即使對寫作和修辭沒信心也沒關係。你只需要學對方法、反覆練習、實際運用。

　　我在二〇二〇年四月開辦了行銷文案的線上沙龍課，並在同年十月開始編寫此書，僅僅半年的時間，便收到學員向我報告好消息。以下是他們和我分享的一小部分成果，**重點是，他們幾乎都是行銷文案的初學者。**

- 照護機構在人事經費縮減百分之八十的情況下，成功透過徵人廣告徵得所需的優秀人才。

- 僅僅改變了糙米粗糠暖暖包在網路販售頁面上的幾行文案，販售數字就比去年同月多出十倍。

- 在疫情衝擊下開幕的健身房，成功透過IG廣告保住客流。

- 在社群平台介紹特別推薦給女性創業家的顧問公司，一個月就有三十七人申請報名。

- 平均有十人來參加就很棒的冷門講座，成功募得一百三十人參與聽講。

- 第一次使用聯盟行銷（成果報酬型）的新手，即順利賺到十二萬圓的佣金。

- 因應疫情政策減少外出，生意大受波及的發聲練習教室，在線上課程網站「Street Academy」開班授課後，每每報名額滿，成功將發聲教室轉型為線上經營。

- 在群眾募資平台介紹在日本毫無知名度的外國保溫杯，結果十小時內就達到目標金額。

- 對總是毫無回應的四百二十九位電子報訂閱戶送出線上減重諮詢簡章，有二人簽約報名。

- 為了撐過疫情改做外送服務的餐飲店，透過網路廣告，收到一百三十二份訂單。

- 本來一個月僅獲利三萬圓的聯盟行銷（置入廣告型）工作者，成功將單月獲利提升至十一萬圓。

- 設計師在臉書公告live活動消息，超過一百人響應參加。

- 靈性諮詢師在note部落格公開徵求上限八名的諮詢者，十二小時以內滿額。

- 長達四個月無人報名的線上手工藝課，終於有人報名。

- 成立付費清潔服務社群，四天就有七十四人響應，最後有一百三十五人加入（學習文案技巧前無人加入）。

- 修改線上補習班的登陸頁面（Landing Page）後，報名人數和營收馬上翻倍。僅用推特做通知，沒花半毛廣告費就滿載而歸。

- 在LINE下廣告宣傳健身房的免費體驗課，廣告投資報酬率（ROAS）高達三千三百，營收是所投入廣告費的三十三倍。

- 在日經BP出版社的網站寫的專欄，拿到點閱率第一名。

　　而且，**這些人只學了「抓訴求」和「下標題」，就有這麼棒的結果**。本書除了上述兩點，還會另外教你「引導文案」、「內容文案」、「活動企劃」、「廣告測試」和「版面設計」等旁敲側擊的小技巧。

本書教你學會這些技巧

【一～五章】如何抓訴求

　　行銷文案最重要就是「抓對訴求」＝「你要對誰說什麼」，這是寫文案最強大的地基，地基沒打好，之後再努力也沒用。反過來說，只要抓對了訴求，從今以後，你也是暢銷高手。

【六～十五章】文案力

　　下標題固然重要，但引導文和內文也很重要。這幾章教你「我該怎麼說」，也就是人家常說的「表現手法」。用街頭攬客來比喻的話，就是：

● 標題文案＝使人回頭的「第一聲呼喊」
● 引導文案＝使回頭的人走過來的「下一句話」
● 內容文案＝使走過來的人買單的「販售技巧」

【十六～二十章】用「其他技巧」輔助文案

　　具體來說，即「活動企劃」、「廣告測試」、「版面裝飾」、「心理學技巧」、「傳統紙媒與網路的異同」。內容雖然沒那麼花俏，但它們全是提升廣告效益的重要拼圖。點擊率零的東西無法翻倍。不過，只要先把點擊率變成一，就能應用這些技巧，把一變成十，把十變成一百。

　　想知道如何把「不需要」變成「好想要」嗎？別等了，讀下去就對了。我會在書中毫無保留地和你分享「看見、讀完，立刻買單的文字技巧」。

目　次

第 5 章

對付「難賣商品」的文字技巧

第 6 章

善用「標題文案」讓業績雙倍跳

第 7 章

初學者也能輕鬆上手，
「標題文案」的四個步驟

第 10 章

用標題文案攻陷「猶豫中的客人」
九個表現手法

第 11 章

用標題文案攻陷「不想買的客人」
十個表現手法

第 14 章

強化販售力的內容文案「二十個表現技術」

第 15 章

連不想買的客人也想買的「故事行銷」

第 16 章

一句話就能衝起銷量！
「暢銷企劃」如何寫

第 17 章

用科學的「廣告測試法」找出暢銷文案

第 18 章

舒適好讀的「版面裝飾」十三個技巧

第 19 章

提升廣告效果的「十個心理學技巧」

第 20 章

「網路」與「紙媒」在行銷文案上的不同

大橋先生

苦熬多年才出師的行銷文案寫手。平時忙著替客戶衝銷量，在網路上指導眾多迷途羔羊如何撰寫「暢銷文案」，並在有空時跑去釣魚。恨不得行銷文案能在世間更加普及，不藏私地公開分享多年磨練而成的技巧。

新手姐

大橋先生的助理。原先任職於土木建材公司，一次意外的巧合認識了大橋先生，驚覺文案的有趣，毅然決定轉行。個性看似好強，其實是個「隱性內向者」，遲遲得不到客戶回覆時，總是不知該如何打電話或寫信去催。很高興最近有了新人後輩加入，自己終於不是最菜的。努力減肥中。

新手弟

大橋先生的徒弟。天真地想著「寫文案就是靠著很短的文章賺錢嘛！」而入行，實際一做才驚覺文案寫手竟是如此呆板不起眼的工作，但也同時了解到行銷文案的邏輯「套用在社群網站和許多地方都很管用」，決定認真學技術。愛喝酒、聽搖滾樂。

回答範例

- 想不想不用砂糖，就烤出孩子最愛吃的「甜滋滋」的香蕉蛋糕呢？（黑色斑點表示甜度達到頂點，最適合拿來做香蕉蛋糕。）

- 你為失眠所苦嗎？教你一招健康好眠的方法。（熟透的黑香蕉富含有效緩和焦慮和失眠的維生素B₆和血清素。）

- 在鍋子裡加入熟透的黑香蕉，放一個晚上，就能煮出一鍋香香濃濃的美味咖哩。（不用耗費心思把洋蔥炒成焦糖色了。）

- 靠著一道小點心，就能輕鬆解決孩子因不吃青菜的便秘問題喔。（富含食物纖維、香香甜甜、入口即化的熟透黑香蕉，是清腸胃的好幫手。）

覺得自己「回答不出來」也不用緊張，這和品味、知識量沒有關係，純粹是技術問題。讀完本書後，再重新挑戰一次吧，我保證你會順利找到「賣點」和「表現手法」。

成為暢銷高手！
「前提」比文章力還重要

行銷文案的本質到底是什麼呢？

開頭的練習題是我常常在線上沙龍和講座上引用的問題，目前收到過各式各樣的答案。

問題本身沒有標準解答，回答範例放在二十頁。經由你的創意靈感，乍看已經不能賣的黑香蕉，也有屬於自己的一片天。

這個練習題的最大用意，是讓你看見行銷文案的本質：**同一件商品可經由不同的點子，創造出各式各樣的宣傳標題**。行銷文案不是一門單靠文章表現力締造結果的技術，而是尋找賣點、展現其魅力的技術。

以下是轉換賣點便成功的七個例子。每一項商品若是按照原定方向都賣不出去。因此，我兜售的並不是商品，而是「商品的賣點」。

箭頭前是產品特色，後面是我想出的行銷賣點。

改變賣點就成功的行銷實例：

商品①僅盯數十秒就能提升專注力的卡片
→網球選手專用「賽前六十秒提升專注力的奪勝戰術」。

商品②鍛練深層肌肉用的一萬圓健身道具
→讓您擁有不輸女演員的美姿美儀（肩頸背的痠痛也一掃而空）。

商品③從來不曾賣出的系統空調

→家裡沒有地暖系統也不用怕。有了系統空調，就能擁有連腳底也
　暖呼呼的「日曬空間」（最多還能省下百分之三十的電費）。

商品④一瓶兩萬圓的雜牌護髮素（理髮廳專用）

→想不想在店裡引進一次五千圓、顧客回購率好得嚇嚇叫的熱門護
　髮項目呢？

商品⑤一台開價七十萬圓的治療儀器（推拿院和整骨院專用）

→這是時下最夯、一個月就有一百五十人指定要用的治療項目，而
　且裝好機器當天就能使用。

商品⑥剛推出的雜牌高爾夫球桿

→揮桿時以為失手了，不知為何，球竟然穩穩地飛出去。

商品⑦尚無實際銷售成績的行銷顧問公司

→給會計師：教您月付五萬圓的顧問契約費就能增加客戶的好方
　法。

暢銷點子不會「憑空變出來」，而是「撿來的」

　　不管再怎麼妙筆生花、創意十足，不會賣的東西就是不會賣。寫了超過一千件行銷文案的我可以直接告訴你，這是無法撼動的事實。重要的是以下前提：

> 是否找到適合用文字表現的「賣點」。

●不需要天賦異稟

　　有些人誤以為寫文案需要「天才式的靈光一閃」，其實不是的。

　　暢銷點子不會「憑空變出來」，而是「撿來的」。它並非來自你的腦袋，而是從消費者的腦袋瓜中汲取而來。換句話說，你需要的不是天才般的創意點子，而是深入了解你的客戶。

●發掘暢銷法則的三個步驟

　　先拋開以下想法：「我該如何說服人心？」、「要說什麼才會賣？」

　　養成這個思考習慣：**「我的顧客究竟想要什麼？」、「他們的興趣和關心的話題是什麼？」**

　　這才是誕生出好點子、寫出暢銷文案的祕訣。**找出消費者最想要的東西，即是「暢銷法則」。**

消費者的消費行為，都是為了滿足這個需求。

----

①從消費者的腦中尋找「暢銷法則」；

②接著，思考能滿足這個法則的「優秀提案」；

③最後，把提案的魅力滿滿地說出來。

短短三步驟，就能完成暢銷文案。

本書會在第二章～第五章具體教你「暢銷賣點怎麼找」。

找出
暢銷法則

思考
優秀提案

說得
誘惑人心

重點整理
Summary

【第一章】成為暢銷高手！「前提」比文章力還重要

什麼是行銷文案？

- 不是單靠文章力大賣的技術。
- 而是找出賣點、表現其魅力的技術。
- 同一件商品可經由不同的點子，創造出各式各樣的宣傳標題。

什麼是暢銷點子？

- 不會「憑空變出來」，而是「撿來的」。
- 從消費者的腦袋瓜中汲取而來。
- 來自消費者最想要的東西、興趣及關注的話題。

行銷文案發想三步驟

①從消費者的腦中尋找「暢銷法則＝最想要的東西」；

②思考能滿足這個法則的「優秀提案」；

③把提案魅力滿滿地說出來（寫文案）。

第 2 章

消費者掏錢的
「真正理由」

產品的特色和優點，其實不重要

　　創造暢銷賣點有一個必要條件，那就是「消費者掏錢的理由」。

●顧客究竟想要掏錢買什麼？

　　你的顧客究竟為了什麼掏錢？

　　想要得到商品嗎？還是被它的特色、優點和功能吸引呢？

　　倘若那位顧客很了解商品本身的價值，並且具有迫切性，或許是吧。

　　例如，人氣天團的忠實粉絲搶購演唱會的門票、新冠肺炎大流行導致口罩供不應求，以及儘管到處缺貨，但已經答應要買某片新遊戲給小孩當生日禮物的父母，我們可以輕易想見各種情形。

　　不過，實際在賣東西時，上述情形都是可遇不可求。世界上絕大部分的商品，都是在跟「有點想要又不是那麼想要」的情況拉鋸。

●「有點想要又不是那麼想要」時，如何殺出重圍？

　　面對膠著的情形，該怎麼突破重圍？

　　要一個勁地宣傳產品的特色和優點嗎？

　　答案是「NO」。顧客掏錢，往往不是為了得到商品，而是從商品當中得到「好的結果」。

> 這個「好的結果」就叫「好處」。

也就是說，**顧客掏錢為的不是產品、不是它的特色及優點，而是因為覺得這個「好處」值得。**

究竟在哪個時刻，消費者會願意掏出錢包？

沒有附上「好處」的文案是賣不出東西的。

無論你把產品寫得多麼美妙動人，**消費者看不見好處的文案，就只是多餘的雜訊。**

我以下面的文案來舉例，請你比較看看，哪邊比較值得花錢？

請站在目標客群的立場讀讀看。

【問題】你覺得哪邊比較「值得」？

● 為肩頸痠痛所苦的人

三分鐘放鬆肩胛骨的 「○○肌肉按摩滾筒」	**跟肩頸痠痛說掰掰** 三分鐘放鬆肩胛骨的 「○○肌肉按摩滾筒」

● 挑選釣魚用防寒裝的人

具備最新發熱防寒性能的 「○○釣魚裝」

寒流時夜釣也會發熱出汗 具備最新發熱防寒性能的 「○○釣魚裝」

● 尋找新辦公室的顧問老師

「○○出租辦公室」 自由使用可容納二十人的會議 室

省下活動場地費 「○○出租辦公室」 自由使用可容納二十人的會議 室

● 不會說外語、第一次出國玩的人

0.3 秒就能語音翻譯的 「○○ talk」

不會說外語也能安心放鬆 地享受旅行 0.3 秒就能語音翻譯的 「○○ talk」

只要站在消費者的立場想，答案就會呼之欲出。

每一題都是後者「值得購買」。

開宗明義寫出「好處」的文案，替消費者道出了內心的渴望，**這種文案能立即吸引消費者注意。**

不過，應該也會有人提出疑問：「好處和優點，哪裡不一樣？」事實上，兩者之間有著顯著的不同。

想要寫出好處多多的文案，必須先懂得區分兩者之間的差異。

不再混淆！「好處」的完全攻略法

在我教導文案的授課經驗裡，發現有許多人分不清「好處」和「優點」差在哪裡。以高爾夫球桿來舉例，你能分辨以下哪邊是「好處」嗎？

【問題】哪邊是「好處」呢？

新材質	球飛得更遠
全新性能	直直飛出去
知名球手也在用	擊出高分
輕巧好握	讓你技高一籌
堅固耐用	贏得比賽
時下最夯	受到眾人讚賞
帥氣的設計	擊球的瞬間止不住笑意

答案是右邊。左邊是產品的特色和優點，右邊是消費者獲得的好處。

如果你還是不了解其中的差異，不用擔心，下方的練習題，會循序漸進地帶你搞懂其中的原理。

●好處是帶來的結果，優點是所需的條件

先復習一遍，「好處」是消費者想要的「好結果」。簡單來說，就是幸福、亮眼的成績等。

特色和優點則是實現「好處」所需的「條件」。特色和優點存在的理由，就是為了幫助消費者擁有亮眼的成績、好的結果，找到尋求已久的幸福。

- 好處＝消費者想要的好結果（成果、幸福）
- 特色和優點＝實現好處所需的條件

好，請用這個思考方式，重新看我前面介紹過的文案例子。

練習題①（目標客群：為肩頸痠痛所苦的人）

跟肩頸痠痛說掰掰
三分鐘放鬆肩胛骨的
「○○肌肉按摩滾筒」

「跟肩頸痠痛說掰掰」是目標客群想要的好結果，所以是「好處」。

那麼，想要實現「好處」，需要什麼條件呢？

想必你已經看出來了，就是「三分鐘放鬆肩胛骨」，即產品的特色和優點。

練習題①答案

跟肩頸痠痛說掰掰（好處）
三分鐘放鬆肩胛骨的（特色和優點）
「○○肌肉按摩滾筒」（產品名稱）

接著是練習題②、③。

練習題② （目標客群：挑選釣魚用防寒裝的人）

寒流時夜釣也會發熱出汗
具備最新發熱防寒性能的
「○○釣魚裝」

不要忘記，特色和優點是實現「好處」的條件……

練習題②答案

寒流時夜釣也會發熱出汗（好處）
具備最新發熱防寒性能的（特色和優點）
「○○釣魚裝」（產品名稱）

練習題③（目標客群：尋找新辦公室的顧問老師）

省下活動場地費
「○○出租辦公室」
自由使用可容納二十人的會議室

練習題③答案

省下活動場地費（好處）
「○○出租辦公室」（產品名稱）
自由使用可容納二十人的會議室（特色和優點）

顧問的工作常常需要舉辦講座，每次辦活動，場地費都是一筆頭痛的開銷。

由此可推出，目標客群想要的好結果（好處）是「省下活動場地費」。實現這個好處的條件就是「自由使用可容納二十人的會議室」。

我們用最後的問題來做總結。

思考看看，下列文案當中，哪些是「好處」呢？

【問題】哪些項目是「好處」？

- 報名補習班的電話響個不停
- 招生傳單必勝寫法
- 超過一百間補習班證實效果

好，透過前面的練習，你應該已經了解「好處」跟「特色和優點」差在哪裡了。

記住一個訣竅，**行銷文案的主角是「好處」，「特色和優點」則是從旁輔助的角色**，如此一來，就能深入了解文案誘人的祕密了。

在此解答，上述問題的答案是「報名補習班的電話響個不停」，這是客戶得到的「好處」。「超過一百間補習班證實效果」則是「特色和優點」。在這個情況下，「招生傳單必勝寫法」當然就是產品名稱。

找出「誘人好處」的兩個方法

　　許多人煩惱「想不到好處在哪」，不用擔心，使用我接下來教你的兩個方法就能順利找到。

　　消費者想要的好處，是可以透過方法得出來的。

●方法①「也就是說，這表示？」推論法

　　運用這個方法，不管是任何產品，都能輕鬆導出大量「好處」。

　　做法很簡單。首先，盡量列出產品的特色和優點。接著，根據這些特色和優點反覆提問：「也就是說，這表示？」這樣就行了。

　　下面用高爾夫球桿來舉例說明：

---

①輕巧好握（特色和優點）

也就是說，這表示？

↓

②好揮桿（特色和優點）

也就是說，這表示？

↓

③球飛得更遠（好處）

也就是說，這表示？

↓

④擊出高分（好處）

也就是說，這表示？

↓

⑤贏得比賽（好處）

如上所示，只要從「輕巧好握」這個特色和優點連續發問：「也就是說，這表示？」就會找到新的特色和優點，從中也會連帶發掘新的好處。

從③開始，只要繼續對發掘的好處使用「也就是說，這表示？」推論法，**就能從一個好處延伸出多種好處。**

例如，對著「⑤贏得比賽（好處）」繼續發問：「也就是說，這表示？」就能發掘「⑥被同伴誇獎」等新的好處。

●方法②「清楚了解目標客群」

藉由「也就是說，這表示？」推論法找出大量好處後，接著要「從中做出選擇」。

好處必須是消費者求之不得的好結果，因此，切勿隨便挑幾個丟上去。請仔細挑選最能打中目標客群的選項。

此處的關鍵是，你必須懂你的客人。**如果不清楚他們有什麼煩惱、想要什麼、平時關心什麼話題，你就無法選出他們喜歡的好處。** 下一章起，我會詳細教導你，如何貼近你的目標客群。

⑥被同伴誇獎
↓ 也就是說， 這表示？
⑦洋洋得意

那應該不算好處吧？

重點整理

Summary　【第二章】消費者掏錢的「真正理由」

什麼叫「好處」？

- 從產品得到好結果（成果、幸福）。
- 顧客掏錢是為了得到「好處」，不是因為產品有很多「特色和優點」。
- 沒有附上「好處」的文案是賣不出東西的。

不可與「特色和優點」弄混

- 「特色和優點」是實現「好處」的條件。
- 「特色和優點」是為了補強「好處」而存在。

找出「誘人好處」的兩個方法

①用「也就是說，這表示？」推論法找出大量「好處」；

②「清楚了解目標客群」，從中挑選最能打中他們的「好處」。

第 3 章

洞悉會買單的「三種人」，然後賣給一萬人

不要貿然建立人物誌

　　沒有附上「好處」的文案是賣不出東西的。

　　話雖如此，隨便附上消費者不感興趣的「好處」也沒用。我們必須選擇最讓消費者覺得「你懂我！」的「好處」才行。

　　為此，我們要先徹底了解目標客群的煩惱和需求，以及他們平時關注什麼話題。你連自己的客戶生得什麼模樣都搞不清楚，當然無法寫出打動人心的文案。

　　本章的主題就是教你「如何了解客戶」。

●建立人物誌前需要考量的點

　　提到捕捉目標客群，許多人應該會想到「建立人物誌」。

　　人物誌（Persona）是接近目標客群的虛擬人物。

　　當然，建立人物誌是捕捉目標客群的重要環節，但貿然建立人物誌是很危險的做法。要是不小心擬錯了方向，可能會落入賣不動的市場，在泥淖中痛苦掙扎。

　　想要洞悉客戶，在建立人物誌之前，我們還有其他該做的事，那就是事先評估「願意買產品的消費族群」大概落在哪裡。

●誰會買單？

無論是任何商品，都大致分成三種消費族群。

在這三種消費族群裡，一定有強烈渴求你家產品的人。

說得白話一點，不管你賣任何東西，裡面都有A、B、C三種類型的客人，而「最樂意跟你買東西的人，就在這三種人當中」。你要做的就是事先評估A、B、C裡面，誰會是你的大主顧。

前面提到的人物誌，就是在決定這個大主顧是誰。 具體來說，捕捉目標客群有以下三個步驟：

①找出三種目標客群；

②分析誰是裡面的大主顧；

③建立人物誌。

三種目標客群的具體例子

無論是任何商品，都存在著三種消費族群：

類型①好想入手這個產品！心心念念都是它！

類型②稍微聽過這個產品，只是目前提不起欲望購買。

類型③對產品提供的好處有興趣，但沒聽過這玩意兒。

這①②③種類型，和我在上一本著作《讓人點進去的寫作技巧》（〔ポチらせる文章術〕，暫譯，pal出版）傳達的「商品基礎認知」，基本上邏輯是一樣的。你若想找出最樂意掏錢買你家產品的人，就一定要先仔細過濾①②③種目標客群。以下為具體示範：

「奶油」可推想的三種目標客群

「奶油」是大家耳熟能詳的商品，在任何一間超市都能買到。即使是這麼一般的商品，也分成三種消費族群。

類型①好想入手這個產品！心心念念都是它！
例）常常需要用到奶油的法國餐廳。

類型②稍微聽過這個產品，只是目前提不起欲望購買。
例）開始注重健康，想從乳瑪琳換成奶油的人。

類型③對產品提供的好處有興趣，但沒聽過這玩意兒。
例）想煮一鍋美味咖哩，但不知道奶油可以提味的人。

③是指「不知道咖哩的祕方是奶油」的人。

「住宅翻新」可推想的三種目標客群

　　「住宅翻新」也是很常見的商業品項。無論在任何地區，都能找到多家住宅裝修工作室彼此競爭，在這種情況下，一樣能分成三種消費族群。

類型①好想入手這個產品！心心念念都是它！

例）雨天房屋嚴重漏水，想盡快解決問題的人。

類型②稍微聽過這個產品，只是目前提不起欲望購買。

例）最近開始注意住家老舊問題的人。

類型③對產品提供的好處有興趣，但沒聽過這玩意兒。

例）小孩患有氣喘病，但不知道使用灰泥塗料裝修能隔絕多數過敏源的人。

　　一開始你可能會想：「奶油和住宅翻新這麼常見，怎麼會有第三種人呢？」有的，放寬你的視野，就會看見許多目標。

　　整理好①②③種類型之後，下一步，我將教你如何挑選應該選定的目標，藉此找出你的大主顧。

如何知道誰會買最多

向「不會買的人」不停進行推銷，是行銷文案最常犯的錯誤。

反過來說，只要知道「誰會買單」，就能針對這些客人寫好文案，確實收到回應。

現在，我們已經分出①②③種目標客群了，下面教你如何提前判斷「誰會買最多」。

●目標客群的渴望程度與基數之間的關聯

這邊快速提一下不可不知的基礎知識。

那就是①②③種目標客群的渴望程度，與客群基數之間的關係。

不管是任何商品，目標客群的人數都是由③往①遞減，渴望程度則是由③往①遞增。乍看之下，你可能會以為「最想買」的類型①是絕佳目標，事實上呢？

我們必須認清一件事：類型①是人數最少、競爭最激烈的地帶，能靠類型①大賣的商品，實在不多見。

絕大部分的商品，都是靠著類型②或類型③決勝負。尋找你的大主顧時，請放棄過度天真的想法，切記兩全其美是可遇不可求，我們必須好好正視「潛在消費者」，冷靜清晰地判斷目標。

以下教你具體的判斷基準：

①的客群基數最少，但也最渴望得到商品。

①
好想
買到！

②
聽過這個產品，
但還不想買。

③
對好處有興趣，
但不知這個產品有這樣的作用。

●你的產品適合用類型①當目標客群嗎？

類型①的情感需求

非常想得到這個商品，並且抱持高度興趣。

● 會自己積極找出這項產品，條件吻合就會購買。

● 或者，他們早已是你的品牌粉絲，只等你推出新產品。

類型①是許多公司盼望的目標，但適不適用，請看以下三個判斷標準：

【1】品牌本身夠強

你的產品在業界享有數一數二的公信力與品牌價值，並受到多數人認同，那就能用類型①決勝負。

【2】為顧客所深深信賴

你的產品並非知名品牌，但有願意反覆向你購買的忠實客戶，這些人也是屬於類型①。或者，你在社群平台有為數眾多的熱情粉絲，手上有一份死忠客戶信箱名單，那也能瞄準類型①來寫文案決勝負。

【3】有強大的活動企劃

活動企劃是具有吸引力的交易條件。假如你擁有遠勝其他競爭公司的優秀企劃，即使品牌本身不夠強，現階段也還沒經營出粉絲，也能考慮用類型①決勝負。重點在於，你的企劃內容要很強，能夠獨領風騷。活動企劃的部分在第十六章會詳細講解。

●你的產品適合用類型②當目標客群嗎？

類型②的情感需求

雖然聽過這個商品，但是目前還不想買。
● 正在猶豫「要買嗎？」、「要買哪一個？」的客人。

類型②屬於要上不上、夾在中間的客群，你的產品適不適用，請看以下兩個判斷標準：

【1】有具有吸引力的「差異化條件」

關鍵在「你的產品和別人家的產品，有著顯著的不同」。只要這項產品比起他牌競爭商品及過去的商品有著明顯的不同，而且比之前的產品都還優秀，就能用類型②決勝負。

【2】有比別人強的活動企劃

如果這項產品的品質相當於他牌競爭商品，顧客就會從其他比較條件考慮要不要入手。換句話說，只要你能準備勝過他牌競爭商品的企劃內容，就能用類型②決勝負。

●你的產品適合用類型③當目標客群嗎？

類型③的情感需求

對好處有興趣，但不知道有這個產品。

● 消極地想著：「有沒有好方法可以解決問題？」、「我該怎麼做？」的客人。

相較於類型①和類型②，類型③是購買意願最低也最難推銷的客群。只要以下三項符合其中一項，就適用類型③。

【1】難以做出差異化

產品跟他牌競爭商品及過去的產品相比，並無太大的不同，或者比較差。

【2】活動企劃比其他品牌弱

產品的品質相當於他牌競爭商品，但是企劃內容比較差。

【3】產品本身不好理解

如「至今不曾有過的新產品或新服務」。假如你的目標族群完全不明白這項產品的價值，就能瞄準類型③。把舊產品賣到新市場的情況也適用類型③。

請用上述方法審慎評估，找出最適合瞄準的目標客群。如果你發現「原來我之前都搞錯了方向」，也是很寶貴的錯誤經驗。

> 想要知道怎樣大賣，要先知道怎樣不會賣啊！

當你找對了目標客群，就會看到顧客一個接一個上門排隊。

如何建立「可變動式人物誌」

確定目標客群後，接著就要製作人物誌了。請比照下列項目，具體想像顧客的模樣。

人物誌項目

姓名、年齡、性別、居住地、職業、職務、年收入、存款金額、興趣、關注話題、煩惱、希望、家庭成員、交友及社交等人際關係、生活模式、價值觀、個性、口頭禪等。

製作人物誌可自由發揮，不需要每一項都填。

有其他需要追加的項目就加上去吧。舉例來說，如果是成衣類，就需要加上「平時是否關注流行」這一項。

●人物誌的完成標準

人物誌最大的重點就是「幫這位虛擬人物取名字」。很奇妙吧，命名之後，顧客的臉龐就會自動浮現。**人物誌是否成功，端看你能不能想像顧客的模樣、動作表情和聲音。當你連顧客的「行為」都能一併想像，這份人物誌就大功告成了。**

以下示範人物誌的真實例子。這是我們家針對補習班招生製作傳單時，實際製作的人物誌。

看完之後，感覺如何呢？這份人物誌是不是讓你看見了戴眼鏡、有點恐怖、用凶狠的表情罵學生，簡直「栩栩如生」的富岡老師呢？

- **姓名**：富岡伸一（五十七歲男性，住在大阪府攝津市）。
- **家庭成員**：與太太兩人同住（二十六歲的獨生女已離家獨立）。
- **職業**：開了一家小小的補習班（創業二十年，對象為國中生，講師即為創辦人，還有另請兩名工讀生）。
- **職務**：創辦人兼講師。
- **個性**：認真老實的工作狂，同時也很頑固，不肯承認自己的缺點。
- **年收入**：巔峰時期曾達八百萬圓，現為三百五十萬圓（連太太的兼差收入也加進去，約四百五十萬圓）。
- **興趣**：興趣即工作，工作即人生意義。
- **交友**：因為把人生奉獻給工作，私底下沒有保持聯繫的朋友。
- **關注話題**：其他補習班如何招生？
- **煩惱**：之前在當地深耕經營補習班，自從附近開了其他大型補習班，學生數不斷減少。為了挽回頹勢，自行印製了招生傳單，但沒有收到效果。考量到印刷及封裝投遞的成本開銷，反而越做越賠。今年創下學生數新低，等國三生畢業之後，學生數將減少到個位數。煩惱著接下來該如何應對。
- **希望**：因為國三生只會補習一年，希望國一、國二的學生數增加。如果可以，希望招到認真上進、品學兼優的好學生，如此一來，補習班的風評也會變好。
- **工作上的堅持**：對教導能力相當有自信，至今幫助許多學生成績進步，考上志願學校，不過是採用斯巴達教育，會嚴厲地責罵學生，有時也會嚴格地向家長提出意見。
- **價值觀**：不覺得學歷等於一切，但好學歷能增加人生選項。認為補習班講師的職責不只是帶領課業，還要教導孩子成為一個更好的人。不想受限於講師，想以教育家的身分持續拓展教育理念。他的想法是，正因為現在的家長都很寵小孩，自己更應該嚴厲地指導學生。
- **口頭禪**：「堅持就是力量。」、「不要放棄！」
- **生活模式**：早上十一點出門上班，超過半夜十二點才回家。星期六日和國定假日都在工作。
- **其他**：不熟悉網路，手機也是舊型的，無法透過網路招生。
- 深信補習班講師是自己的天職。

重點整理
Summary 【第三章】洞悉會買單的「三種人」，然後賣給一萬人

文案如何打動人心？

- 要附上最讓消費者覺得「你懂我！」的「好處」才行。
- 連客戶生得什麼模樣都搞不清楚，當然無法寫出打動人心的文案。
- 清楚了解自己的客戶。

捕捉目標客群的三個步驟

步驟①找出三種目標客群；
步驟②提前分析誰是裡面的大主顧；
步驟③建立人物誌。

任何商品都存在著三種消費族群

類型①好想入手這個產品！心心念念都是它！
類型②稍微聽過這個產品，只是目前提不起欲望購買。
類型③對產品提供的好處有興趣，但沒聽過這玩意兒。

評估分析誰會買最多

適用類型①的判斷標準

【1】品牌本身夠強。

【2】為顧客所深深信賴。

【3】有強大的活動企劃。

適用類型②的判斷標準

【1】有具有吸引力的「差異化條件」。

【2】有比別人強的活動企劃。

適用類型③的判斷標準

【1】難以做出差異化。

【2】活動企劃比其他品牌弱。

【3】產品本身不好理解。

如何建立「可變動式人物誌」

- 【人物誌項目】姓名、年齡、性別、居住地、職業、職務、年收入、存款金額、興趣、關注話題、煩惱、希望、家庭成員、交友及社交等人際關係、生活模式、價值觀、個性、口頭禪等。
- 有其他需要追加的項目就加上去。
- 替虛擬人物命名之後，顧客的臉龐就會自動浮現。
- 人物誌是否成功，端看你能不能想像顧客的模樣、動作表情和聲音等「行為」。

第 **4** 章

如何讓不同客群覺得 「你懂我！」

不同目標客群「在意的點」都不一樣？

三種類型的目標客群，在意的點都不一樣。

假設現在有一個提案是「用半價買到電視上介紹過的美味健康無鹽奶油」。

我把前面提過的目標客群重列一遍。沒錯，他們全是「感覺會買奶油的人」，可是，這份提案是否對全部的人都管用呢？

類型①常常需要用到奶油的法國餐廳。

類型②開始注重健康，想從乳瑪琳換成奶油的人。

類型③想煮一鍋美味咖哩，但不知道奶油可以提味的人。

我們可以發現，這份提案對類型③毫不管用。撇開提味的問題不談，這類人連煮咖哩可以加奶油都不知道。

前一章曾提到，不同客群有不同的「情感需求」。整理一下就能發現，類型①②③對商品抱持的知識、興趣、關注、渴望及煩惱程度也不一樣，因此，**我們勢必得針對不同客群，分別設計一套令他們雙眼一亮的貼心提案。**

奶油熱量太高了……　→放回去

目標客群的「情感需求」整理列表

類型①非常想得到這個商品，並且抱持高度興趣。
● 會自己積極找出這項產品，條件吻合就會購買。
● 或者，他們早已是你的品牌粉絲，只等你推出新產品。

類型②雖然聽過這個商品，但是目前還不想買。
● 正在猶豫「要買嗎？」、「要買哪一個？」的客人。

類型③對好處有興趣，但不知道有這個產品。
● 消極地想著：「有沒有好方法可以解決問題？」、「我該怎麼做？」的客人。

●暢銷提案＝訴求

廣告用語稱「提案」叫「訴求」。

接下來將「暢銷提案」統稱為「訴求」。

訴求是行銷文案最重要的核心。

因為，後面要教你寫的文案，像是標題文案和內容文案，全是依照訴求來寫的。

換句話說，**一旦抓錯了訴求，你接下來寫的文案也會全部錯光光。**下面教你如何針對不同客群，寫出他們在意的訴求。

目標客群類型①
如何用訴求攻陷「好想買的客人」

針對這類客人，訴求的重點是好好讓他們看見「商品名稱」和「誘人的活動企劃」。簡單明快地讓他們知道：「你盼望的商品，可以用很棒的條件入手喔！」就對了。請參考下列公式與文案範例：

「給●●」＋「商品名稱」＋「誘人的活動企劃」＋「好處」

給煩惱近日奶油價格太貴的法國餐廳：
我們樂意提供新鮮美味的奶油給您，而且便宜市價百分之三十，
料理美味絲毫不減，但能減少成本開支。

【1】給●●（給煩惱近日奶油價格太貴的法國餐廳）

【2】商品名稱（奶油）

【3】誘人的活動企劃（便宜市價百分之三十）

【4】好處（料理美味絲毫不減，但能減少成本開支）

※【2】～【4】順序可調換。

商品名稱請依照需求，選擇使用「專有名詞」或「一般名詞」。

接著示範使用「專有名詞（涼涼口罩）」的訴求方式。

給跑遍各家店都買不到「涼涼口罩」的煩惱顧客：
我們會在七月十五日大量進貨（一人最多買三箱），
有了「涼涼口罩」，就能在炎炎夏日安心戴口罩出門了。

目標客群類型②
如何用訴求攻陷「猶豫中的客人」

針對這類客人，訴求的重點是好好傳達「我們哪裡不一樣」。

對正在貨比三家的客人來說，需要的訴求是給予信心，推他們一把：「就買這家吧！」請參考下列公式與文案範例：

「給●●」＋「好處」＋「我們哪裡不一樣」＋「商品名稱」

給想從乳瑪琳換成奶油但是在意鹽分的人：
我們家的奶油減鹽百分之五十，
最適合注重飲食健康的人。
請期待每天早晨來一片香噴噴的吐司吧！

【1】給●●（給想從乳瑪琳換成奶油但是在意鹽分的人）

【2】好處（每天早晨來一片香噴噴的吐司吧）

【3】我們哪裡不一樣（減鹽百分之五十，最適合注重飲食健康的人）

【4】商品名稱（奶油）

※【2】～【4】順序可調換。

如果這個類型②有誘人的活動企劃，請參考下列公式：

「給●●」＋「好處」＋「我們哪裡不一樣」＋「商品名稱」＋「活動企劃」

> 給想從乳瑪琳換成奶油但是在意鹽分的人：
> 我們家的奶油減鹽百分之五十，
> 最適合注重飲食健康的人。
> 請期待每天早晨來一片香噴噴的吐司吧！
> 而且現在買有七折優惠。

【1】給●●（給想從乳瑪琳換成奶油但是在意鹽分的人）

【2】好處（每天早晨來一片香噴噴的吐司吧）

【3】我們哪裡不一樣（減鹽百分之五十，最適合注重飲食健康的人）

【4】商品名稱（奶油）

【5】活動企劃（七折優惠）

※【2】～【4】順序可調換。

類型②的商品名稱也可依照需求，選擇使用「專有名詞」或「一般名詞」。接著示範使用「專有名詞（輕奶油）」的訴求方式：

> 給想從乳瑪琳換成奶油但是在意鹽分的人：
> 我們家的「輕奶油」減鹽百分之五十，
> 最適合注重飲食健康的人。
> 請期待每天早晨來一片香噴噴的吐司吧！

目標客群類型③
如何用訴求攻陷「不想買的客人」

針對這類客人，訴求的重點如下：

瞄準類型③的客人，不用提到商品名稱。

為什麼呢？因為類型③的客人與類型①②完全不同，他們並不了解產品的價值。因此，提案的訴求是省略商品名稱，讓顧客知道：「這是獲得好處的最佳解決方案！」請參考下列公式與文案範例：

「給●●」＋「好處＝最佳解決方案」

以「把奶油這個祕方賣給想煮出美味咖哩的人」來舉例，請見以下示範：

給想煮出美味咖哩的人：
教你一個美味祕方，只要加一點點進去，
家人就會滿足地稱讚「今天的咖哩特別好吃」。

【1】給●●（給想煮出美味咖哩的人）

【2】這是獲得好處的最佳解決方案

（教你一個美味祕方，只要加一點點進去，家人就會滿足地稱讚「今天的咖哩特別好吃」）

以「把文案課程賣給不知道什麼叫寫文案的人」來舉例，請見以下示範：

> 給想增加網頁來信的人：
> 教你一個只需要寫兩、三行字，就能增加來信的好方法。

【1】給●●（給想增加網頁來信的人）

【2】這是獲得好處的最佳解決方案

（教你一個只需要寫兩、三行字，就能增加來信的好方法）

以「五香粉當作泡麵的美味祕方賣出去」來舉例，請見以下示範：

> 給想輕鬆做出美味料理的人：
> 只要一秒鐘，一碗隨處可見的普通泡麵
> 就會變成道地的中華拉麵。

【1】給●●（給想輕鬆做出美味料理的人）

【2】這是獲得好處的最佳解決方案

（只要一秒鐘，一碗隨處可見的普通泡麵就會變成道地的中華拉麵）

跟類型①和②相比，類型③是購買意願最低的族群，訴求也非常不好抓。下一章，我會詳細講解，如何找出攻陷類型③的有效訴求，即「如何抓對訴求，賣出難賣的商品」。

重點整理
Summary 【第四章】如何讓不同客群覺得「你懂我！」

什麼叫「訴求」？

- 讓客人覺得「被打中、好想買」的提案。
- 訴求就是暢銷點子。
- 行銷文案裡最重要的核心。
- 標題文案和內容文案，全是依照訴求來寫的。
- 抓錯了訴求，寫出來的文案也不會賣。

訴求要配合不同的目標客群來寫

- 目標客群①②③在意的訴求都不一樣。
- 不同類型的客人，對商品抱持的知識、興趣、關注、渴望及煩惱程度也不一樣。

任何商品都有三種目標客群

類型①好想入手這個產品！心心念念都是它！
類型②稍微聽過這個產品，只是目前提不起欲望購買。
類型③對產品提供的好處有興趣，但沒聽過這玩意兒。

對目標客群類型①有效的訴求 ....

* 好好秀出「商品名稱」和「誘人的活動企劃」。
* 單一訴求：「你盼望的商品，可以用很棒的條件入手喔！」
* 「給●●」＋「商品名稱」＋「誘人的活動企劃」＋「好處」

對目標客群類型②有效的訴求 ....

* 好好傳達「我們哪裡不一樣」。
* 訴求是給予信心，推他們一把：「就買這家吧！」
* 「給●●」＋「好處」＋「我們哪裡不一樣」＋「商品名稱」
* 「給●●」＋「好處」＋「我們哪裡不一樣」＋「商品名稱」＋「活動企劃」

對目標客群類型③有效的訴求 ....

* 類型③的客人沒聽過這項產品，也不了解產品的價值。
* 提案訴求是省略商品名稱，讓顧客知道：「這是獲得好處的最佳解決方案！」
* 「給●●」＋「好處＝最佳解決方案」

對付「難賣商品」
的文字技巧

攻陷類型③的訴求方法 I
從「產品特色」找出販售對象

跟目標客群類型①和②相比，類型③是購買意願最低的族群，訴求也非常不好抓。

但別忘了，類型③也是人口基數最多的族群，你的訴求一旦成功，就能賺進大筆業績。換句話說，**類型③正是打中就會大賣的族群**。本章教你兩個攻陷類型③的訴求方法。

第一個方法是：從「產品特色」找出販售對象。

以下三個步驟可以幫助你過濾出良好的訴求：

找出販售對象的步驟①
徹底挖掘產品特色、優點及價值。

找出販售對象的步驟②
不受限於現有目標，尋找對特色和優點「感興趣的人」。

找出販售對象的步驟③
思考「感興趣的人」一定會喜歡的好處。

下面直接用主題單元的方式來舉例，讓你更好懂。

> **【題目】在炎熱的夏天，
> 要怎麼賣出熱騰騰的關東煮呢？**

你可能覺得這題有點刁難，但基本上，若想瞄準類型③的族群，遇到的都會是這類問題，即使難上加難，我們仍要突破難關。

首先，經由步驟①和②，仔細地過濾出下列結果：

找出販售對象的步驟①

優點：能大口大口吃的低卡路里食品。

找出販售對象的步驟②

減肥中的人。

換句話說，就是：

【**特色**】關東煮是低卡路里食品，可以大口大口地吃。

【**感興趣的人**】減肥中的人。

那麼，我們該如何向減肥中的人傳達好處，讓他們在夏天也想吃關東煮呢？

這邊搬出的好方法就是「也就是說，這表示？」推論法。將「也就是說，這表示？」推論法套用在「關東煮是低卡路里食品，可以大口大口地吃」這個特色上，就會變成⋯⋯

關東煮是低卡路里食品，可以大口大口地吃（特色和優點）

也就是說，這表示？

↓

即使在減肥中，也能安心享受美食（好處）

也就是說，這表示？

↓

即使肚子吃得飽飽的，也沒有罪惡感（好處）

也就是說，這表示？

　　把得出的好處整理一下，就會出現這個句子「即使大啖美食，也不會有罪惡感」。經由以上步驟，我們找出了下列資訊：

【特色】關東煮是低卡路里食品，可以大口大口地吃。
【感興趣的人】減肥中的人。
【好處】即使大啖美食，也不會有罪惡感。

　　最後，將得出的資訊寫成一篇短文，訴求就大功告成了。請想著「你要對誰說什麼？」，思考你的短文應該怎麼說。

訴求＝「對誰」＋「說什麼？」

給減肥中煩惱午餐要吃什麼的人：
您附近的便利超商就有賣能大口大口地吃，
卡路里卻只有三百大卡的美味午餐。
即使大啖美食，也不會有罪惡感喔！

　　看起來還不賴吧？大熱天要賣關東煮，本來應該是相當不容易的一件事，現在，我們有了這個合理的訴求，只要把它運用在店內的午餐文宣上，是不是可以想像有一堆客人飛奔而來呀？

第12支……

● 「可變換販售對象」的重點

這套訴求方法最大的重點是「可輕鬆變換販售對象」。**就連在人口數眾多的類型③裡，我們也能透過這套訴求方法，持續找出更有意願購買的新族群。**也難怪市面上絕大部分的熱銷商品，都是建立在這套訴求基礎下。

> ### airweave愛維福床墊

「愛維福」是知名床墊品牌，但是在一開始其實是賣不出去的。自從他們把訴求從「大眾適用，一覺好眠的寢具」，修改為「運動員專用，調整身體狀態的寢具」之後，銷售數字就急速成長。

我們可以發現，他們很順利便將販售對象從「需要好寢具的大眾」改為「需要維持最佳體能狀態的運動員及訓練師」。做法即「不受限於現有目標」，持續向對產品的特色、優點、價值「感興趣的人」丟出誘人的好處。

> ### 用發光的方式將人喚醒的鬧鐘

還有一個有趣的熱銷例子是「不會發出聲音及震動的鬧鐘」。這種鬧鐘善用了人體早上被日光自然喚醒的習性，設計出「用光把人叫醒」的方法。

聽說這玩意兒一開始也賣不出去，但自從他們將訴求從「起床工具」改為「改善失眠的用品」之後，這種鬧鐘便成為熱門商品，主打的賣點是「改善睡眠品質」，利用光源調整生理時鐘，培養良

好的睡眠節奏。

　　我們可以發現，販售對象從「需要起床工具的人」換成了「想熟睡的人」。這也是不受限於現有目標，持續向對產品的特色、優點、價值「感興趣的人」丟出誘人好處的成功實例。

提升專注力的卡片

　　我們家也透過這套方法，替許多難賣的商品寫出誘人文案，從此翻身大賣。裡面我最記憶猶新的案例，就是「盯著六十秒就能提升專注力的卡片」了。

　　因為，概念真的太創新了，讓我苦思多時，最後想出「賽前六十秒提升專注力的奪勝戰術」這個訴求，成功博得眾多運動愛好者的喜愛。其他還有許多透過更改訴求對象，成功熱銷的例子。

【商品】來自「鍛練深層肌肉用的一萬圓健身道具」的成功實例
給想要變美的您：
想不想擁有不輸女演員的美姿美儀呢？（肩頸背的痠痛也一掃而空）

【商品】來自「從來不曾賣出的系統空調」的成功實例
給冬天家裡很冷，但是沒預算裝地暖系統的人：
有了它，就能打造連腳底也暖呼呼的「日曬空間」（最多還能省下百分之三十的電費）。

【商品】來自「尚無實際銷售成績的行銷顧問公司」的成功實例
給請不起昂貴顧問的會計師：
教您月付五萬圓的顧問契約費就能增加客戶的好方法。

不管是再難賣的商品，一定都有需要其特色、優點和價值的人在。找出這些人，提供他們最想要的好處，結果就會變得完全不同。

攻陷類型③的訴求方法 II
不變換販售對象的訴求方法

接下來介紹「不變換販售對象的訴求方法」。剛剛教的則是可輕鬆改變販售對象抓訴求的方法。

因為，變換販售對象的做法雖然好用，但不是所有商品都適用。這種時候，就需要其他方法。以下是我們家實際接過的案子，換作是你，會如何發想訴求呢？

安全鑽牙基本技術教學DVD（僅限牙醫）

這件商品的問題在於「販售對象僅限牙醫院院長」，而且，只能從DVD製造商手上有的牙醫院院長名單下手。

但如此一來，這件商品的概念不就自相矛盾了嗎？牙醫早在開業之前，就學會了安全鑽牙的技術，這算是基本功，並不是當上院長才需要進修的特殊課程。

即使如此，客戶仍捎來委託：「我們做了這樣的DVD，請協助販售。」你也許覺得大開眼界，不過，這只是行銷文案寫手的接案日常罷了。

那麼，我們究竟該怎麼做呢？

這種時候，可依照下列三個步驟思考訴求。

維持販售對象的販售步驟①

先不管商品是什麼，仔細過濾現有目標的煩惱和需求。

維持販售對象的販售步驟②

仔細研究商品的特色裡，是否具備解決上述煩惱和需求的條件。

維持販售對象的販售步驟③

把步驟②發掘的特色和優點，變成「誘人的好處」。

下面沿用這個牙醫限定的教學DVD案例，仔細為你說明：

●維持販售對象的販售步驟①

先不管商品是什麼，仔細過濾現有目標的煩惱和需求。簡單來說，即針對牙醫院的院長做市場調查，並得出下列煩惱和需求：

- 患者減少，同業競爭激烈，導致經營不易。
- 未來想增加自費門診與定期檢查。
- 行銷和經營也要學。
- 患者的笑容是最大的動力。
- 員工常常做不久，很難請到人代班。
- 員工間的人際關係不好處理。
- 年輕值班醫師實力不足是院長普遍擔心的問題。
- 牙醫是畢業後靠著實際經驗慢慢磨練技術的。
- 培養新人很重要，但騰不出足夠的指導時間。

　　實際上列出的煩惱和需求比這多更多。透過市調，我們發現，裡面真的有本商品能解決的問題。具體來說，是這三個：

---

①年輕值班醫師實力不足是院長普遍擔心的問題；
②牙醫是畢業後靠著實際經驗慢慢磨練技術的；
③培養新人很重要，但騰不出足夠的指導時間。

●維持販售對象的販售步驟②

　　接著要仔細研究商品的特色裡面，是否具備解決這三個煩惱的條件。然後，我們找出了這些特色：

---

* 這份教學DVD可以扎扎實實地學到安全鑽牙的基礎技術。
* 不是高難度的應用技術。
* 不限時間場地，輕鬆打好基礎。
* 演員是風評很好的新手醫師培訓講師。
* 內容完整收錄實際操作影片，用看的就能學技術。

　　來到這一步，已能清楚看見解決販售對象煩惱的條件了，我們來把資訊重新整理一下。

需要重視的煩惱及需求：

①年輕值班醫師實力不足是院長普遍擔心的問題；

②牙醫是畢業後靠著實際經驗慢慢磨練技術的；

③培養新人很重要，但騰不出足夠的指導時間。

解決上述煩惱及需求的條件：

● 這份教學DVD可以扎扎實實地學到安全鑽牙的基礎技術。

● 不是高難度的應用技術。

● 不限時間場地，輕鬆打好基礎。

● 演員是風評很好的新手醫師培訓講師。

● 內容完整收錄實際操作影片，用看的就能學技術。

會痛就舉手喔～

●維持販售對象的販售步驟③

接下來只需要寫出打中目標的好處就行了。我們從步驟②過濾出來的特色和優點來思考「目標想要的好處」。

當時,我總結出來的好處是「省下訓練新人的時間」。

來到這一步,剩下的只有:「對誰說?」把得出的資訊對準目標寫成短文,訴求就完成了。

按照訴求實際完成的文案如下。這份文案成功使專門賣給牙醫師的教學DVD熱賣。

> 給聘請新人醫師的牙醫診所:
> 這套方法可以有效節省訓練新人的時間。

●維持販售對象最大的重點

這套訴求方法的重點在於「從商品當中抽離,仔細了解販售對象的情感需求」。

徹底調查他們平日的煩惱、需要哪些東西,就能找到新的賣點。

這是販賣專門用品常用的方法。我們家經手過許多專門用品的委託案件,下面都是仔細思考訴求之後,透過文案成功使商品熱銷的例子。

【商品】來自「一瓶兩萬圓的雜牌護髮素（理髮廳專用）」的成功實例

給想維持業績的理髮院老闆：

想不想在店裡引進一次五千圓、

顧客回購率好得嚇嚇叫的熱門護髮項目呢？

【商品】來自「一台開價七十萬圓的治療儀器（推拿院和整骨院專用）」的成功實例

給評估要引進什麼治療項目的復健診療院業者：

這是時下最夯、一個月就有一百五十人指定要用的治療項目，

而且裝好機器當天就能使用。

【商品】來自「特殊清潔技術教學 DVD」的成功實例

給工時太低、疲於奔命的清潔業者：

想不想學時薪四萬九千圓的特殊清潔技術呢？

很快就結束了， 再忍一下喔～

好～

【第五章】對付「難賣商品」的文字技巧

攻陷目標類型③的兩個有效的訴求方法

方法①從商品特色找出「新的販售對象」。

方法②從販售對象的煩惱及需求找出「新的訴求」。

方法①從商品特色找出「新的販售對象」

步驟①

徹底挖掘產品特色、優點及價值。

步驟②

不受限於現有目標，

尋找對特色和優點「感興趣的人」。

步驟③

思考「感興趣的人」一定會喜歡的好處。

重點：

- 可輕鬆變換販售對象。

- 在人多的類型③裡，也能持續找出更有意願購買的新族群。

方法②從販售對象的煩惱及需求找出「新的訴求」⋯⋯⋯⋯

步驟①

先不管商品是什麼，仔細過濾現有目標的煩惱和需求。

步驟②

仔細研究商品的特色裡，是否具備解決上述煩惱和需求的條件。

步驟③

把步驟②發掘的特色和優點，變成「誘人的好處」。

重點：

- 從商品當中抽離，仔細了解販售對象的情感需求。
- 販賣專門用品常用的方法。

訴求＝「對誰？」＋「說什麼？」⋯⋯⋯⋯⋯⋯⋯⋯⋯⋯⋯⋯

按照公式，把用方法①②發掘出的點子寫成短文。

第 6 章

善用「標題文案」
讓業績雙倍跳

兩個提問搞懂「標題文案的本質」

前面的篇幅介紹了抓訴求的技術。

行銷文案有八成看訴求，仔細思考應該「對誰說什麼？」是最重要的事。沒有抓住暢銷訴求，當然就生不出暢銷文案。

不過，**剩下的兩成要靠「表現力」決勝負**。把訴求用誘人的方式呈現出來，才能發揮行銷文案的最大效力。因此，接下來的主題就是：

> 來談談「怎麼寫出來？」，即文案的表現力吧！

第一個教你的文案學問就是「標題文案」。

你能在三十秒內回答這個問題嗎？

你能回答下列問題嗎？

問題①「什麼是標題文案？」
問題②「標題文案為何重要？」

如果回答不出來也沒關係。

因為就連經驗老道的人，一時之間可能也回答不出來。這正是很多文案不會賣的原因，因為下筆前沒有搞清楚目的是什麼。

在這個講求文案力的時代，許許多多的文案寫法被人們整理、介紹出來，但若想要靈活運用這些技術，還是得先搞懂基礎知識才行。

標題文案的基礎知識

標題文案會出現在廣告最大、最顯眼的地方。

●所有媒體裡面都有標題文案

標題文案不只出現在網路登陸頁面、廣告單或廣告Email上,你能在任何媒體上看見它們的蹤影。請把標題文案想成「顧客第一眼看見的文字」就好懂多了。

也就是說,Email的「主旨」、部落格的「標題」、YouTube的「縮圖」和「標題」等,全都屬於標題文案的範疇。你就想成,所有媒體廣告都屬於標題文案的一環吧!

因為,標題文案的好與壞,會直接攸關廣告收益的生與死。

靠著標題文案扭轉命運的例子

如果單看廣告文，標題的影響力超過了九成。也可以說，廣告文的成敗就取決於下標。

所以，短短數行的標題文案就能掌控命運，使業績翻倍成長。

下面用實例告訴你，標題文案的影響力究竟有多大。

突破一百萬冊的暢銷書

介紹一本經典長銷書《思考整理學》（外山滋比古著，究竟出版）當作例子。

這本書在出版的前二十年只賣出十七萬本，但從某個時期開始猛爆性成長。

第一波是在二〇〇七年，書腰的標題文案換成了「如果能早點看到這本書該有多好」，結果在短短的一年半內衝破五十一萬冊。

第二波是在二〇〇九年，書腰的標題文案換成了「最多東大生、京大生讀過的一本書」，這次直直衝破一百萬冊。

一般來說，我們很難想像一本出版二十年只賣出十七萬冊的書，會在很久以後突然賣超過一百萬冊。

一本書能被重新定位，當然要歸功於書店和出版行銷人員的努力。熱賣是因為書的內容真的很好，但從時機來看，我們同樣不能忽視新的書腰文案帶來的影響。

銷量翻兩倍的少棒教學DVD

接著介紹我們家的例子。這是十年前的事了，當時，我們接到了少棒隊教學DVD的行銷文案委託。

影片裡的演員教練是前阪神虎隊的選手，我們準備了兩個版本的標題文案試水溫。

文案 A

曾在夏季甲子園創下打擊率 0.688 加三支全壘打的奇蹟紀錄，
帶領阪神虎全國奪冠的前選秀狀元，
初次對外公開他的揮棒理論！

文案 B

前阪神虎選秀狀元教你最強打法！
想不想讓你家孩子成為最強打者呢？

除了標題文案不同之外，其他內容都沒有變，連使用的媒體平台、下的廣告量、時間點都一模一樣，兩者之間卻出現劇烈差異。

使用文案A的廣告版本一個月賣出了一百六十二套DVD，使用文案B的廣告版本一個月賣出了二百九十五套DVD。不同的地方只有短短幾句標題文案，賣量竟然相差了近兩倍之多。

參加人數雙倍翻的經營學講座

再分享一個我們家的成功實例，這是醫院專屬的管理顧問委託我們寫的活動邀請文。

首先是客戶本來使用的標題文案版本：

文案 A

醫師進修用經營學「關於財務」
利益會影響員工士氣。
談願景導向的「現金流量經營」。

聽說這份文案每次最多吸引二十人左右到場參加。但是改成下面這個版本之後，講座一下子就五十名額滿。

文案 B

與赤字奮戰的中小型醫院
如何在一年之內爆增超過兩億圓營收？

兩份文案帶來的效益差了兩倍以上。誰會料到一個參加費三萬圓的講座，只靠著修改幾句標題文案，就連續兩次創下五十名額滿紀錄呢？

為何標題文案具有這麼大的影響力？

原因很簡單：顧客會從標題文案來決定要不要繼續讀這份廣告。換句話說，**如果標題文案沒在第一時間吸引顧客注意，其他文案就不會被看見。**

廣告沒有被讀，商品價值就傳達不出去，這份商品當然不會賣了。如果一份商品的標題文案下得很糟糕，那麼，無論它在包裝設計上多麼努力，功能有多麼厲害，甚至砸錢下了許多廣告，都只是把經費往水裡丟。

下面為你解答本章開頭的問題。

本章開頭的問題解答

問題①「什麼是標題文案？」
→一秒吸引顧客注意，決定繼續讀下去的文字。

問題②「標題文案為何重要？」
→標題文案下得不好，**廣告就沒人想讀，產品就不會賣。**

這兩個問題說來很基本，但也是最重要的道理，一定要牢牢記住。

還有，要寫出暢銷標題文案，就要先有好的訴求。從好訴求寫成的誘人短文，就是暢銷標題文案的基礎。

如果遺忘了這個本質，迷失於各種譁眾取寵的小技巧，最後就會再也寫不出暢銷文案。

不需要一次及格到位

撰寫標題文案時要記得一件事：不需要一次及格。請在能力範圍內，盡量多寫幾個。

●先寫三十個，過幾天再重新比較

多寫幾個標題文案，就能想出更好、更新的表達方式，提升品質效果。初學者最少要先寫出三十個。

此外，比較不同版本的文案時，記得要隔幾天再重新比較，冷靜後再重看就能找到改善之處，進而產出更好的文案。

●挑出兩個進行測試

即便是專家也無法立刻寫出好文案。多思考幾個文案，從中挑出兩個最好的，進行廣告測試。如何試水溫，會在第十七章詳細解說。

重點整理

Summary　【第六章】善用「標題文案」讓業績雙倍跳

顧客第一眼看見的文字就是標題文案

- 短短數行就能掌控命運，使業績翻倍成長。
- 所有媒體裡面都有標題文案。

標題文案的兩大重點

①目的是一秒吸引顧客注意，決定繼續把廣告讀下去。

②標題文案下得不好，你的廣告就沒人看（也等於賣不出去）。

不需要一次及格到位

- 至少要想三十個，之後再重新比較。

市調成功的三個重點

　　思考訴求之前，一定要做好市場調查。在資料不足的情況下，是難以跟好點子相遇的。那麼，具體來說，市場調查該怎麼做呢？

　　我主張，市場調查沒有固定的方法論。**如果每次都按照表定方式調查，很可能都收集到類似情報，內容出現盲點，遺漏了重要資訊。**

　　調查項目請依照案子的內容做彈性調整。在這個前提下，留意以下三個重點：

①「當心確認偏誤」

　　確認偏誤是指，人有下意識按照自己認定的事實收集資訊、誤導結果的習慣。使用網路搜尋資料，雖然容易獲得許多資訊，但也容易掉入「確認偏誤」的陷阱裡，請務必小心。別忘了要找反對意見和其他意見來看看喔。

②「老實承認哪裡不如人」

　　對產品有信心是好事，但別忘了，好東西到處都是。做調查前務必認清事實：自家產品哪裡不如人？千萬不要為了方便行事，使訴求失去效用。

③「提出三個問題」

　　市調做到一定階段，問自己三個問題：

【1】為何需要這個產品？

【2】為何非得是這個產品？

【3】為何要現在立刻就買？

　　若是無法在一分鐘之內回答出來，就表示你的市調做得不夠充足。請思考為何回答不出來，再重新調查真正重要的事。

第 7 章

初學者也能輕鬆上手，「標題文案」的四個步驟

刪除冗贅的句子

標題文案有各式各樣的寫法，首先教你最簡單的表現手法。只要學會本章傳授的方法，就連初學者也能寫出相當好用的文案。先說結論吧！

> 標題文案是道出訴求的誘人短句。

換句話說，寫時不需賣弄文字技巧，力求簡單好懂，這樣就能寫出很棒的標題文案了。因此它的重點是：訴求以外的贅句要通通刪除。要做到並不難，只要照著下面四個步驟做，就能刪去不必要的贅句，哪怕你對文案一竅不通，也能輕鬆寫出誘人的標題文案。

步驟①
刪除抬頭文案

寫訴求的時候，我們會想著「對誰說」，所以會出現「給○○」這樣的句型，作用是瞄準客群，這個句子就叫抬頭文案。

雞尾酒會效應

抬頭文案具有「雞尾酒會效應」（cocktail party effect），會吸引特定族群的注意。雞尾酒會效應是指，人會自動被和自己有關的訊息、自己感興趣的資訊吸引的現象。舉例來說，如果在擠滿乘客的電車內大叫：「喂，那個戴眼鏡的！」想必會有許多戴眼鏡的人

喂，那個戴眼鏡的，我們家的
隱形眼鏡現在有七折優惠……

眼鏡行的傳單
不能這樣寫吧？

回頭，對吧？句型「給○○」就是吸引特定人士回頭問：「叫我嗎？」的寫作方式。

　　但是，**如果從強調好處的文案裡，可以看出你想鎖定的族群，這種時候，省略抬頭文案也是OK的。**我用下面的訴求來舉例：

> 例）文案寫作課
> 給擔心傳單總是石沉大海的你：
> 教你一個只需要加兩～三行字，
> 就能增加詢問度的好方法。

　　「給擔心傳單總是石沉大海的你」是抬頭文案，強調好處的文案則是「教你一個只需要加兩～三行字，就能增加詢問度的方法」。

　　如果我們在好處裡面加上「傳單」，就會變成下面這樣：

> 給擔心傳單總是石沉大海的你：
> 教你一個只需要加兩～三行字，
> 就能增加傳單詢問度的好方法。

　　「傳單」這個詞出現了兩次，那麼，第一行還需要抬頭文案嗎？答案是「不需要」，因為在好處裡面，已經清楚提到「傳單」了，那

就不需要特別對著「給擔心傳單總是石沉大海的你」喊話了。

下面的標題文案已經相當完整，足以抓住目標客群的目光。

> 教你一個只需要加兩～三行字，
> 就能增加傳單詢問度的好方法。

只要在好處裡加上具有識別度的關鍵字，就能省去冗長的抬頭文案，如此一來，你的標題文案也會變得更加簡潔有力。

步驟②
有節奏感地重組長文

我並不反對寫很長的標題文案，因為很長但回響熱烈的例子也是有的。需要注意的只有好不好讀、讀起來有無節奏感。

我們必須認清一個事實：廣告這種東西，打從一開始就沒人想看，因此，**標題文案作為第一聲呼喊，一定要通順好讀、具有節奏感才行。**

下面教你，如何把很長的標題文案改得具有節奏感。

假設本來有這樣一篇文案：

> 「讓人點進去的寫作技巧 實踐研究室」
> 每個月付八百八十圓接受作者的指導
> 就能學會用兩～三行的文字提升業績的
> 標題文案寫作方法

這篇標題文案雖然很長，但可藉由句型重組，讓它變得簡單好讀。

訣竅是在長文中間加上句號，先把它變成短句。

> 「讓人點進去的寫作技巧 實踐研究室」月付八百八十圓。
> 就能學會用兩～三行字提升業績的
> 標題文案寫作方法。
> 附作者指導。

但由於實際上的標題文案不需要句號，所以最後秀出來是這個樣子：

> 「讓人點進去的寫作技巧 實踐研究室」月付八百八十圓
> 就能學會用兩～三行字提升業績的
> 標題文案寫作方法
> 附作者指導

「讓人點進去的寫作技巧
實踐研究室」
月付 88,000 圓……

多了兩個〇，
真有你的～

步驟③
徹底刪除贅字

　　徹底刪除贅字也是標題文案的重點，**我們要用最短的句子表達語意，其他沒必要的部分請通通刪除。**

　　剛剛我們已經透過重組長文，提升了句子的節奏感。同樣地，我們也能透過刪除贅字，使文案變得乾淨整潔。

> 「讓人點進去的寫作技巧 實踐研究室」月付八百八十圓
> 就能學會用兩～三行字提升業績的
> 標題文案寫作方法
> 附作者指導

↓↓↓（把劃線的贅字刪除）

> 「讓人點進去的寫作技巧 實踐研究室」月八百八十圓
> 學會用三行字提升業績的標題文案
> 附作者指導

　　「月付八百八十圓」用「月八百八十圓」意思也能通；「兩～三行」修改成「三行」也沒什麼問題。同樣地，「學會標題文案」和「就能學會標題文案的寫作方法」是一樣的意思。

　　為了降低閱讀負擔，句子要盡量精簡一點，用最少的文字傳達語意更顯重要。

步驟④
善用問句

　　直接用力說：「這東西很棒！」，或使用問句：「你知道它棒在哪裡嗎？」兩者相比，往往是後者較能引起旁人興趣。**在文案裡，對讀者拋出問句同樣具有很好的效果。**

> 把提到好處的段落，盡量換成問句試試看。

　　我們剛剛已經把文案上的贅字徹底刪除了，接著可以巧妙使用問句提示好處，使人更想讀下去。最常見的好用問句有三，即：**「為何」、「為什麼」、「原因是？」**

> 「讓人點進去的寫作技巧 實踐研究室」月八百八十圓
> **為何**短短三行的標題文案就能提升業績呢？
> 附作者指導

> 「讓人點進去的寫作技巧 實踐研究室」月八百八十圓
> **為什麼**短短三行的標題文案就能提升業績呢？
> 附作者指導

> 「讓人點進去的寫作技巧 實踐研究室」月八百八十圓
> 短短三行的標題文案就能提升業績的**原因是？**
> 附作者指導

　　不過，**寫時切記留意語氣，不要看起來好像在咄咄逼人。**此外，也不要過度在意修辭，使訴求變得不清不楚。

重點整理
Summary　　　【第七章】初學者也能輕鬆上手，「標題文案」的四個步驟

簡潔好懂的標題文案怎麼寫 ···

- 標題文案是道出訴求的誘人短句。
- 訴求力求簡單好懂，就是很棒的標題文案了。
- 因此，訴求以外的贅句要通通刪除。

用四個步驟刪除贅句 ···

- 步驟①刪除抬頭文案；
- 步驟②有節奏感地重組長文；
- 步驟③徹底刪除贅字；
- 步驟④善用問句。

第 8 章

暢銷標題文案
「十三個表現手法」

表現手法①
提及好處

　　本章教你如何運用十三種表現手法，使標題文案更加吸引人。這些方法對目標客群①②③通通有效，好好學會它就能無往不利。

　　讓我再重複一遍，「好處」是指消費者從商品和服務得到的好結果。顧客掏錢買的不是商品，而是好處。同理可證，沒提到好處的文案自然就賣不出東西。比方說，下面兩個標題文案，哪邊看上去比較吸引人呢？

A	B
學會標題文案	學會暢銷標題文案

　　怎麼看都是「B」對吧？

　　因為「B」提到了好處「暢銷」。請記住，標題文案裡一定要提到好處。**沒有提到好處的標題文案，會被消費者自動判讀為無用資訊，予以忽視。**

學會能賺六兆圓的標題文案……

太像詐騙了！

表現手法②
具體說明好處

我繼續問：下面兩個標題文案，哪邊看上去比較吸引人呢？

A
學會暢銷標題文案

B
學會暢銷標題文案
用三行字使業績翻雙倍

沒意外的話，是B吧？原因在於，B有具體說出好處的內容。

如上所示，具體的好處能提升資訊的價值。除此之外，具體的資訊內容也能增加可信度，有效降低消費者的戒心。

我雖然在上一章教你「盡量刪除贅字」，但請注意，**能讓好處變具體的文字不用刪。**

表現手法③
不要誇大好處

下面兩個標題文案，哪邊看上去比較可信呢？

A
學會暢銷標題文案
用三行字使業績翻雙倍

B
學會暢銷標題文案
用一行字使業績翻百倍

　　不管怎麼看，B都太可疑了不是嗎？用膝蓋想也知道，光靠一行字，不可能讓業績增加一百倍，只有A看起來具有可信度。

　　由此可知，**過度誇大好處會帶來反效果。**一旦讓消費者感到「可疑」，你就喪失機會了。請特別留意，提到好處時要合乎常理。

表現手法④
吸引特定目標

　　一言以蔽之，就是「給○○」。我在上一章教你視情況刪除抬頭文案，同樣地，有些情形也需要抬頭文案，那就是無法鎖定目標客群的綜合媒體廣告。

　　「給○○」的表現手法，在報紙傳單、信箱投遞廣告、招牌廣告、過濾功能薄弱的banner廣告等……能觸及不特定多數人的媒體當中，具有吸引目標客群的效果。

●抬頭文案的訣竅

　　訣竅是：具體寫出你要的目標客群。

　　請看以下兩份補習班用的廣告單文案。

A
「給煩惱孩子成績的家長」 保證下次段考 總分增加一百分

B
「給大川第三中學生的家長」 保證下次段考 總分增加一百分

以補習班的廣告單為例，許多人常常使用A文案，但實際上這樣的文案並不完整。像B這種縮小目標客群範圍的寫法，更能引起強烈的雞尾酒會效應。事實上，我們家也透過B這種抬頭文案，成功讓超過一百間的補習班廣告單得到迴響。

表現手法⑤
替顧客道出心聲

剛剛教你用抬頭文案「給○○」引起顧客注意，除此之外，還有一個更具吸引力的表現手法，那就是：**說出顧客心裡的聲音**。以抗老化產品為例，我們來看看下面這則抬頭文案：

> 給想要對抗老化的你

看起來是不差，但要瞬間抓住目標客群的注意力，好像太普通了一點？實際上，類似的抬頭文案真的常常看到，很容易淹沒在競爭廣告裡。這時候，我們不妨把「給○○」換成顧客的心聲，就能做出力道更強的抬頭文案，比方說下面這一則：

> 給想要回到年輕時候的你

為什麼換成「心聲」的效果特別好呢？因為會讓人產生共鳴。只要消費者曾在腦中想過這些話，看到時就會產生一種親切感，引發更強大的雞尾酒會效應。

表現手法⑥
巧妙運用數字

「列出數字」是提升標題文案效果的重要關鍵。舉例來說，請比較下面的左右文案。

很大的國家	⇔	比日本大十倍的國家
預約不到	⇔	預約要等三個月
常有人回購	⇔	十人中有九人回購
參加者全員滿意	⇔	參加者一百人全員滿意
隔天送達	⇔	二十四小時以內送達

猛一看是哪邊呢？

當你了解意義和價值時，又是哪一邊呢？

右側的文案利用數字傳達資訊。**數字具有醒目效果（可辨識性），能讓人瞬間明白想傳達的主旨。**

在我寫過的眾多文案當中，幾乎所有標題文案都有列出數字。

列出數字能替廣告收益帶來驚人成效。

不過，並不是所有東西都加上數字就好。想要有效地「運用數字」，請留意以下三點：

【1】數字要具體；

【2】要能一眼看出價值；

【3】巧妙運用單位。

●【1】數字要具體

完整的數字乍看是比較俐落，但在標題文案，具體的數字往往效果更好。

因為，具體的數字看起來比較真實可靠。我們以下面的文案來比較，你覺得哪邊比較可信呢？

A	B
一千人全員滿意	一千人中九百八十二人滿意

如果A是事實，那當然很好。

只是，世界上恐怕不存在令顧客百分之百滿意的商品。就算有，寫出來也不容易被採信。

所以，像B這種**具體寫出數字的文案，不但能增加可信度，還能提升資訊的價值。**

學會能賺到 6 兆 4029 圓的
標題文案……

你還是聽不懂耶～

●【2】要能一眼看出價值

比方說，這邊有一個顧客幾乎都會回購的人氣生吐司，它的回購率是百分之九十，傳達這項事實時，你覺得下面哪一個文案比較好呢？

A	B
回購率百分之九十的生吐司	十人中有九人 會再買的生吐司

這兩個文案都不差，但「回購率」是賣家愛用的術語。站在消費者的立場，「十人中有九人會再買」比「回購率百分之九十」更好懂。

選用數字的時候，記得要盡量使用目標客群能一眼看出價值的表達方式。

●【3】巧妙運用單位

基本上，數字後面都會跟著單位，如：人、個、日、分、秒、kg、g、mg、%、元等。只要巧妙運用這些單位，就能寫出加倍誘人的數字文案。

我們來比較以下兩個文案：

A	B
一天賣出六千個	十五秒賣出一個

B有一陣子常常能在網購廣告上看到，它把產品熱銷的速度如實地傳達過來。

事實上，A和B是相同的意思，B只是把一天賣出六千個的實際成果換算成秒而已。**配合狀況改變使用單位，能有效加強數字文案的效果。**

●在標題使用數字需要留意的事

有一點需要注意。

數字文案雖然能有效提升廣告效益，但要記得，**滿滿都是數字會讓文案變得很難讀，用時請控制在文章量的百分之二十以下。**

00011000100011001
10110010011001……

在文案用二進位
也太標新立異了吧！

表現手法⑦
秀出成績表現

如果你的產品**有亮眼的成績表現，記得把它在標題文案上秀出來**。如此一來，就能有效跨越「消費者對廣告的不信任」這道高牆，為你招來許多客人。

以文案寫作課的活動導覽來舉例，只要加上短短一行成績表現，就能大幅增加資訊的價值。

A
暢銷標題文案寫作課

B
暢銷標題文案寫作課 （百分之九十五的學員收到效果）

表現手法⑧
前後比較

前後比較（Before After）是指「過去和現在有著劇烈差異」。

如果你的產品有亮眼的前後比較成績，記得把它在標題文案上秀出來。這個做法雖然老套，現在依然很有效。

比方說，許多人應該對日本減肥健身權威「RIZAP」私人健身房的電視廣告記憶猶新吧！

用Before After見證效果

什麼？不靠運動或節食，
短短三個月瘦了十二kg！

體重	體脂肪
75kg	28%

體重	體脂肪
63kg	18%

　　這邊只需要注意一件事：**如果你的Before After看不出個所以然，那就乾脆不要放。**Before After要強調搶眼的內容，讓人一看就驚呼：「太神奇啦！」

　　展現方式可以放圖片，圖片擺在標題文案的正下方，效果最佳。

　　如果是無法用圖片展示的內容，只放文字也是可行的。

　　這時候，**記得用「顧客的心聲」道出前後變化及心路歷程，而且最好引用數據當作佐證。**

　　我舉「治療師專用社群集客講座」的「純文字Before After文案」當作例子。

照著做以後，
上個月我光是臉書
就有三十人報名講座。
（整骨師 山田）

表現手法⑨
提出社會證明

　　「多數人的選擇」是一種心理效果，又稱作「社會證明原則」或「從眾效應」。

　　這種心理效果已由許多科學實驗獲得證明，根據我長年以來的廣告經驗，真的不得不承認它的效果。簡單說吧，下面這類文案就很有效。

> 「○○排行榜冠軍」
> 「短短三天湧入一萬人！」
> 「○○界大師分享」

　　消費者對於廣告文案多半抱持著懷疑心，所以，**若能提出商品受歡迎的證據，記得在標題文案上秀出來。口說無憑，證據最有效。**

　　如果你手上有收集到顧客的人頭照，（經當事者同意後）請把它當作穿插用的素材，或是大量刊在標題文案附近。

在標題文案旁邊附上大量人頭照，效果特別好

○○補習班的應屆及格率為何高達○○％？

表現手法⑩ 權威加持

有沒有看過下面這種文案呢?

> 耳鼻喉科醫師認證,花粉症應對方法

這類文案就是出示了權威證明來增添說服力。

權威是指獲得醫師、律師、大學教授、專家、作者、運動選手、明星藝人、社會名流等具有社會地位的人所認證。有權威加持的文案,能使說服力倍增。

近年來,在社群平台上「瘋傳」也成為一種權威的象徵。這麼多人都說讚,東西當然比較好賣。

●不是只有人物,組織也算數

權威不是只有「人物」才算,具有公信力的「組織團體」也一樣。譬如「皇室成員御用」就很簡單好懂吧!

其他還有像是「美國警方正式租用」、「全國牙醫協會認證」、「NASA開發」、「全球採用」等,權威加持的方式非常多樣。

倘若你的商品有權威加持,請務必拿出來用。光是多了這一條,就能大大增加資訊價值。

行銷公司
「大家的文案」
認證……

這只對我們有效。

表現手法⑪
簡單、迅速、誰都會

「跟著做就行了」、「簡單幾個步驟」、「連外行人都會」……各位有沒有看過這種讓人忍不住想吐槽「怎麼可能！」的文案呢？

舉例來說，商業書文案就常常出現**「簡單」、「迅速」、「誰都會」三部曲，這類文案常用在解決煩惱的產品上。**

除此之外，也用在減肥、讀書考試、戀愛、投資理財、解決日常生活不便等器材上。

●增加公信力的好用三招

「簡單」、「迅速」、「誰都會」三部曲是效果絕佳的文案手法。

缺點是，**看起來很像誇大不實的廣告，所以也伴隨著被消費者打叉的風險。**因此，如果你想使用「簡單」、「迅速」、「誰都會」三部曲，務必加上下面三條當中的其中一條：

【1】真實好處；

【2】出示社會證明或權威加持；

【3】提出證據。

有件事要千萬注意，那就是不能說謊。

「簡單」、「迅速」、「誰都會」三部曲只能用在事實上。

表現手法⑫
訴諸五感

　　用下面三篇標題文案來舉例,你覺得A和B,哪邊比較吸引人呢?

A
使肌膚舒適愉快 熱門護膚保養品

B
使肌膚 QQ 有彈性 讓人心頭撲通撲通跳 熱門護膚保養品

A
安全帽裡清涼舒適

B
安全帽裡冰冰涼涼的,好舒服

A
流出濃稠的肉汁!

B
濃稠的肉汁 在口中咻的擴散開來!

　　這樣比較下來,會是B比較吸引人,因為,B運用了五感訴說好處。所謂的五感,是指視覺、聽覺、味覺、嗅覺、觸覺。簡單來說,就是**眼、耳、口、鼻、肌膚的感受。**

　　將好處用五感說出來,就能加強效果,這是因為消費者可以栩栩如生地聯想到好結果。

●訴諸五感的訣竅

那麼，訴諸五感的文案要怎麼寫呢？

訣竅就是，抓住滿足的那一瞬間。想像一下，**當顧客體驗到好處時，他的眼、耳、口、鼻、肌膚，會產生什麼感覺呢？**

發揮想像力，就能找到訴諸五感的動人文字。這種寫法不只用在美容保養品或美食上面，其他商品也很管用。比較看看下列文案，你覺得哪邊的好處比較吸引人呢？

很明顯是B比較有畫面，能立刻聯想到好處吧？因為，它用了「電話響個不停」，把好處用「聽覺」說了出來。

表現手法⑬

吊人胃口

　　標題文案的作用是一秒抓住消費者的目光，讓他們想讀下去。
這邊介紹一個讓人好想讀下去的心理效應，叫「蔡加尼克效應」
（Zeigarnik effect）。

●蔡加尼克效應是？

　　蔡加尼克效應是一種心理作用，指的是「未完」的東西往往比
「已經完成」的東西更讓人好奇。

　　換句話說，**撰寫標題文案時，適度透露一些未完資訊，能有效
吊起消費者的胃口。**

　　標題文案的重點就是，讓讀的人覺得：「為什麼啊？」、「怎
麼回事？」

　　我用下面的標題文案來舉例：

A
只要十秒！ 噴上這個防霧劑， 即使在擁擠的車廂內戴口罩 眼鏡也不會起霧。

B
只要十秒！ 教你一個在擁擠的車廂內戴口罩 眼鏡也不會起霧的好方法。

　　A能直接從標題文案取得好處跟答案（防霧劑）。

　　B則隱藏了商品名稱（即答案），讓人必須看下去才能獲得完整
資訊。

　　哪邊能讓消費者心想：「為什麼啊？」、「怎麼回事？」不用說，當然是B。

　　B文案就是應用了蔡加尼克效應。

所有標題文案的共同注意點

　　以上就是強化標題文案的十三種表現手法。我們不需要每次寫文案通通用上，視情況挑選「這邊可以用」、「放在這裡很有效」的手法來寫吧！

> 文案最大的地雷是，太在意文字表現，導致語意不清。

　　標題文案是把訴求說得有魅力的文字技巧，沒有什麼比「訴求清晰」更重要的事了，請留意要一眼就能看懂。

教你一個住進相撲宿舍也不會胖的方法……

這連相撲力士也不想知道～

重點整理
Summary　　　【第八章】暢銷標題文案「十三個表現手法」

表現手法①提及好處

學會標題文案　⇒
學會暢銷標題文案

表現手法②具體說明好處

學會暢銷標題文案　⇒
學會暢銷標題文案，用三行字使業績翻雙倍

表現手法③不要誇大好處

× 學會暢銷標題文案，用一行字使業績翻百倍
○ 學會暢銷標題文案，用三行字使業績翻雙倍

表現手法④吸引特定目標

× 給煩惱孩子成績的家長
○ 給大川第三中學生的家長

表現手法⑤替顧客道出心聲

給想要對抗老化的你　⇒
給想要回到年輕時候的你

表現手法⑥巧妙運用數字 ⋯⋯⋯⋯⋯⋯⋯⋯⋯⋯⋯⋯⋯⋯

【1】數字要具體

一千人全員滿意　⇒　一千人中九百八十二人滿意

【2】要能一眼看出價值

回購率百分之九十的生吐司　⇒　十人中有九人會再買的生吐司

【3】巧妙運用單位

一天賣出六千個　⇒　十五秒賣出一個

表現手法⑦秀出成績表現 ⋯⋯⋯⋯⋯⋯⋯⋯⋯⋯⋯⋯⋯⋯⋯

暢銷標題文案寫作課　⇒

暢銷標題文案寫作課（百分之九十五的學員收到效果）

表現手法⑧前後比較 ⋯⋯⋯⋯⋯⋯⋯⋯⋯⋯⋯⋯⋯⋯⋯⋯⋯

● **有圖請放在標題文案的正下方**

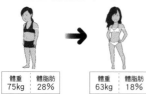

● 沒圖可以這麼做

（用「數字佐證」和「顧客的心聲」展示前後差異）

照著做以後，

上個月我光是臉書

就有三十人報名講座。

（整骨師 山田）

表現手法⑨提出社會證明

● 秀出「多數人的選擇」和「社會證明」

○○排行榜冠軍

短短三天湧入一萬人！

○○界大師分享……etc.

表現手法⑩權威加持

● 出示權威證明增添說服力

耳鼻喉科醫師認證，花粉症應對方法

皇室成員御用味噌

全國牙醫協會認證牙刷……etc.

表現手法⑪簡單、迅速、誰都會

● 需附上以下其中一條：

【1】真實好處；

【2】出示社會證明或權威加持；

【3】提出證據。

表現手法⑫訴諸五感

● **想像「滿足的那一瞬間」的畫面**

流出濃稠的肉汁！　⇒

濃稠的肉汁，在口中咻的擴散開來！

報名踴躍　⇒

報名電話響個不停

表現手法⑬讓人想讀下去

● **標題文案要讓讀的人覺得：**

「為什麼啊？」、「怎麼回事？」

只要十秒！

噴上這個防霧劑，

即使在擁擠的車廂內戴口罩

眼鏡也不會起霧。　⇒

只要十秒！

教你一個在擁擠的車廂內戴口罩

眼鏡也不會起霧的好方法。

第 9 章

用標題文案攻陷「好想買的客人」十一個表現手法

用力說出「商品名稱」和「活動企劃」

本章教你一舉攻陷目標客群類型①的標題文案技巧。復習一下第三章的內容，本類型的情感需求為：

類型①的情感需求

非常想得到這個商品，並且抱持高度興趣。
- 會自己積極找出這項產品，條件吻合就會購買。
- 或者，他們早已是你的品牌粉絲，只等你推出新產品。

類型①的客人購買意願相當高，因此，好好說出商品名稱及誘人的活動企劃成為重點。最好的方式是直接告訴他們：「你盼望的商品，可以用很棒的條件入手喔！」

第七章的「標題文案」四步驟已經教你「訴求要簡單明瞭」，只要稍微修正方向就能立刻奏效，初學者也能輕鬆上手，絕對是最簡單的做法。本章教你如何運用一些小技巧，讓訴求簡潔明快的標題文案變得更有效。

表現手法①
強調「商品名稱」和「活動企劃」

類型①的客人對「商品名稱」和「活動企劃」很感興趣，所以，一定要讓這兩點很亮眼。

比方說，下面這兩則文案：

> 「守護心愛的家人」
> 口罩五十片包裝大量進貨
> （現在買有九折優惠）

　　「守護心愛的家人」是好處，「口罩五十片包裝」是商品名稱，活動企劃是「大量進貨」和「九折優惠」。

　　這已經是很吸引人的文案了，但請回憶一下新冠肺炎爆發時的口罩短缺現象，便能想見「口罩五十片包裝」是類型①最迫切的需求，因此，我們可以把「商品名稱」和「活動企劃」放在更顯眼的位置，加強效果。

> 口罩五十片包裝大量進貨
> 現在買有九折優惠
> （守護心愛的家人）

　　如果文案是用在手寫立牌或招牌等空間有限的媒體上，此時省略抬頭文案和好處是OK的。因為目標客群**類型①最在意「商品名稱」和「活動企劃」**，而不是好處。

表現手法②
加上「那個」

　　有沒有在市面上看過「那個○○」的表現手法呀？

　　這是標題文案的格式之一，用意是強調人氣度和話題性。手法雖然簡單，但能**有效增加消費者的期待值**。

以烹飪利器「電子壓力鍋」來舉例，對非常想要的客人來說，B
文案較能抓住他們的注意力。

A	B
「電子壓力鍋」 現正五折優惠 輕輕按一下 就能煮出美味健康的料理	那個「電子壓力鍋」 現正五折優惠 輕輕按一下 就能煮出美味健康的料理

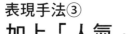

表現手法③
加上「人氣」、「熱門」

這兩招也很簡單，但能有效增加顧客的期待值。

類型①的客人光是看見關鍵字「人氣」、「熱門」等，就會變
得更想買到。

A	B
「電子壓力鍋」 現正五折優惠 輕輕按一下 就能煮出美味健康的料理	熱門「電子壓力鍋」 現正五折優惠 輕輕按一下 就能煮出美味健康的料理

「人氣」、「熱門」可隨意替換成其他類似用詞。上網搜尋同義詞和其他競爭商品的用詞，就會找到各種版本。

類似用詞

「大受歡迎」、「超高評價」、「口耳相傳」、「大流行」、「引爆話題」、「萬眾期待」、「詢問度破表」等。

表現手法④
加上「現在」

我們可以在剛剛介紹的「人氣」、「熱門」前面加上「現在」，進一步增加顧客的期待值。

無論在哪個時代，人們都對時下熱門商品沒有抵抗力。一旦得知自己想買的商品現在有一堆人瘋搶，就會變得更想買到。

A
熱門「電子壓力鍋」
現正五折優惠
輕輕按一下
就能煮出美味健康的料理

B
現在最熱門「電子壓力鍋」
現正五折優惠
輕輕按一下
就能煮出美味健康的料理

表現手法⑤
把「人氣」、「熱門」變具體

　　如果能提出「究竟是誰在瘋搶」、「究竟是在哪裡熱門」，就能增加文案的可信度，提升商品的價值和吸引力。

　　像是近年流行的「IG熱門」等，**都是強調在社群平台上的討論度，這類文案效果特別好。**

A	B
現在最熱門「電子壓力鍋」 現正五折優惠 輕輕按一下 就能煮出美味健康的料理	現在 IG 最熱門「電子壓力鍋」 現正五折優惠 輕輕按一下 就能煮出美味健康的料理

表現手法⑥
秀出「暢銷感」

　　既然是熱門商品，就大方地在標題文案秀出「暢銷感」吧！對消費者來說，越多人買的商品就是一種品質保證。請在文案裡巧妙加入下列用詞：

表現「暢銷感」的用詞
「時下最夯」、「預購秒殺」、「賣到缺貨」、「大排長龍」、「預約要排三個月」、「剛發售就搶購一空」、「保證回購」、「銷售冠軍」等。

　　不限任何字句，只要能秀出「暢銷感」就行了。上網搜尋同義詞和其他競爭商品的用詞，多多充實你的暢銷字庫吧！

表現手法⑦
加上「總算等到」

　　這也是雖然簡單，但能直接增加期待值的做法。用在不好買的商品上，短短幾個字，就能讓期待值狂飆。

A
口罩五十片包裝大量進貨 （現在買有九折優惠）

B
總算等到！ 口罩五十片包裝大量進貨 （現在買有九折優惠）

表現手法⑧
強調「時效性」

　　由於類型①的客人非常想得到商品，這麼做能有效推他們一把。請在文案加上「欲購從速」。

　　比較看看下面的文案：

A
口罩五十片包裝大量進貨

B
欲購從速！ 口罩五十片包裝大量進貨

即便你的庫存還很充足，也可透過「欲購從速」一詞強調時效性，使商品快速銷出。

要強調時效性，還有下列替換用詞：

表現「時效性」的用詞

「限時下殺」、「下批進貨日未定」、「庫存量少」、「先搶先贏」等。

此處同樣可上網搜尋同義詞和其他競爭商品的用詞，多多充實提高時效性的字庫吧！

表現手法⑨
「蔡加尼克效應」

我在第八章介紹過「蔡加尼克效應」，這對類型①的客人也很管用，訣竅是透露一點點後續。

請看下面的標題文案A與B，我只是稍稍修改了結尾方式，就變得吊人胃口。

A
總算等到！ 口罩五十片包裝大量進貨

B
總算等到！ 口罩五十片包裝大量進貨……

做法很簡單，僅在最後加上「……」，就把整篇標題文案變成未完資訊，加強了蔡加尼克效應，成功吊起消費者胃口。

表現手法⑩
傳達「活動企劃的價值」

活動企劃是廠商承諾客人的誘人交換條件，我在第十六章會詳細解說。強大的活動企劃能促進驚人的銷量，因此需要仔細下筆。

●文案的寫法決定了活動企劃的價值

舉例來說，若把活動企劃名稱「附贈豪華贈品」改成「附贈市價三千圓贈品」，給人的印象就會完全不同。

把一千圓的商品「打七折」的優惠活動也有不同的寫法，你可以寫出定價再劃掉「一千 ⇒ 七百圓」，或是寫成「送你三百圓」。

「免運」優惠活動也能寫成「免付八百圓運費」，或是「運費由本公司全額負擔」。

每種寫法都是可行的，但要依據案子的不同測試反應。**活動企劃的寫法會直接影響銷量，請仔細找出最能表現價值的寫法。**

負擔半額運費……

真小氣！

表現手法⑪
補充「活動企劃的原因」

強大的活動企劃能讓銷售數字直接多一個位數。

但是，**太誇張的優惠活動也會讓消費者質疑：「真的沒問題嗎？」、「是不是詐騙？」、「是不是瑕疵品？」**

比方說，看到下列活動企劃，你有什麼想法呢？

> 美味的北海道松葉蟹，現在半價優惠。

如果只寫這麼一句，是不是會覺得「反正裡面一定沒什麼肉」呢？

有亮眼的活動企劃固然好，但是為了避免引來不必要的誤會，記得加上優惠原因。

比方說下列文案：

> 美味的北海道松葉蟹，現在半價優惠。
> 螃蟹腳有折損，賣相不好，餐廳不收，所以用優惠價賣給你們，
> 味道和份量都和正規商品相同。

重點整理
Summary
　　【第九章】用標題文案攻陷「好想買的客人」十一個表現手法

表現手法①強調「商品名稱」和「活動企劃」

類型①的客人

最在意「商品名稱」和「活動企劃」，而不是好處。

表現手法②加上「那個」

「電子壓力鍋」現正五折優惠　⇒

那個「電子壓力鍋」現正五折優惠

表現手法③加上「人氣」、「熱門」

「電子壓力鍋」現正五折優惠　⇒

熱門「電子壓力鍋」現正五折優惠

※「人氣」、「熱門」的類似用詞
「大受歡迎」、「超高評價」、「口耳相傳」、「大流行」、「引爆話題」、「萬眾
期待」、「詢問度破表」等。

表現手法④加上「現在」

熱門「電子壓力鍋」現正五折優惠　⇒

現在最熱門「電子壓力鍋」現正五折優惠

表現手法⑤把「人氣」、「熱門」變具體

現在最熱門「電子壓力鍋」現正五折優惠　⇒

現在 IG 最熱門「電子壓力鍋」現正五折優惠

表現手法⑥秀出「暢銷感」

「時下最夯」、「預購秒殺」、「賣到缺貨」、「大排長龍」、「預約要排三個月」、「剛發售就搶購一空」、「保證回購」、「銷售冠軍」等。

表現手法⑦加上「總算等到」

口罩五十片包裝大量進貨　⇒

總算等到！口罩五十片包裝大量進貨

表現手法⑧強調「時效性」

「限時下殺」、「下批進貨日未定」、「庫存量少」、「先搶先贏」等。

表現手法⑨「蔡加尼克效應」

總算等到！口罩五十片包裝大量進貨　⇒

總算等到！口罩五十片包裝大量進貨……

※文案用「……」結尾。

表現手法⑩傳達「活動企劃的價值」

附贈豪華贈品　⇒　附贈市價三千圓贈品

一千圓的商品打七折　⇒　一千圓變七百圓 or 送你三百圓

免運　⇒　免付八百圓運費　⇒　運費由本公司全額負擔

表現手法⑪補充「活動企劃的原因」

美味的北海道松葉蟹，現在半價優惠。

螃蟹腳有折損，賣相不好，餐廳不收，所以用優惠價賣給你們，味道和份量都和正規商品相同。

第 10 章

用標題文案攻陷
「猶豫中的客人」
九個表現手法

強調跟「之前」及「其他競品」哪裡不同

本章教你巧妙攻陷目標客群類型②的標題文案技巧。復習一下第三章的內容，本類型的情感需求為：

類型②的情感需求

雖然聽過這個商品，但是目前還不想買。
- 正在猶豫「要買嗎？」、「要買哪一個？」的客人。

由於類型②的客人正陷入「貨比三家」或「猶豫」，**我們必須在標題文案強調「差異性」，文案的重點就是用力宣傳：「我們的產品比之前或其他競品都要好！」**

本章教你宣揚差異魅力的九個表現手法。為了讓各位一看就懂，我直接列出例句格式，請自行套用。

表現手法①

不要●●

有沒有在市面上看過「不要●●」的文案呢？

這是應用了越禁止越想要的「卡里古拉效應」（Caligula Effect）的文案技巧（名稱源自電影《羅馬帝國艷情史》〔*Caligula*〕被禁播後，反而引起大眾好奇心的例子）。

例如，越在雲霄飛車或恐怖電影的廣告上寫「膽小者勿試」，

越讓愛好者躍躍欲試；強調「禁止閱覽」的文獻也格外令人在意，
對吧？

●要禁止什麼呢？

那麼，這種活用了大眾心理學的文案格式「不要●●」，究竟
要禁止什麼呢？

一旦弄錯了禁止對象，格式就失去意義了。當我們瞄準類型②
的客人時，**請禁止「人們過往對商品的負面印象」，這是效果最好
的禁止對象。**

我用下面這篇「推特經營術」的標題文案來舉例。

> 想知道一天只發兩次推特，就能增加一千位追隨者的方法嗎？

看到這則標題，你首先覺得應該禁止什麼呢？

學過推特經營術的人應該聽過，增加追隨者的方法就是「每天
一直發文」；甚至有專家說，一天至少要發十篇文才夠。

但是，一天要發這麼多推特文不是一件容易的事，很多人因此放
棄經營。由此可知，類型②的客人對推特的負面印象就是「每天要一
直發文」。所以，我們只要禁止這個項目，就能有效發揮卡里古拉效
應。套上文案格式「不要●●」，就會變成下面這則標題文案：

> 從現在起，不要再每天狂發推特文了。

套用本格式有一點千萬注意，就是：**禁止後要立刻說明好處，否則就算成功引起消費者注意，也難以吸引他們讀下去。**

參考下列做法，在禁止命令句的後面加上好處。

> 從現在起，不要再每天狂發推特文了。
> 想知道一天只發兩次推特，就能增加一千位追隨者的方法嗎？

「不要」可替換成其他禁止命令句，如「別再」、「不用」等。

請您別再忍耐了⋯⋯　　太弱了！

表現手法②
從今天起，和●●說掰掰

這也是常見的文案格式，用時需要一點技巧，就是仔細思考「究竟要跟什麼東西說掰掰」。

瞄準類型②的客人時，我們必須斬斷**「人們過往對商品的負面印象」**。

以剛剛的標題文案來舉例，你覺得可以怎麼改呢？

> 想知道一天只發兩次推特，就能增加一千位追隨者的方法嗎？

和剛才一樣，對類型②的客人來說，並不想每天從早到晚不停發文，因此可以這樣改：

> 從今天起，和每天在推特拚命發文說掰掰。

這個格式也是應用了「卡里古拉效應」，**記得在文案後面加上好處**。少了這個步驟，就會變成雖然吸睛，但不會想讀下去的失敗文案。

> 從今天起，和每天在推特拚命發文說掰掰。
> 想知道一天只發兩次推特，就能增加一千位追隨者的方法嗎？

「從今天起，和●●說掰掰」，也可以改成「該戒掉了」或其他句型。

從今天起，
和停止●●說掰掰……

呃，負負得正？

表現手法③
給●●的你（的人）

　　這是運用「雞尾酒會效應」聚焦的表現手法，瞄準類型②的客人時，請指出「人們過往對商品的負面印象」。舉例來說，下列標題文案可以這樣寫：

> 想知道一天只發兩次推特，就能增加一千位追隨者的方法嗎？

> 給疲於每天拚命發推特文的人

　　把消費者的心聲套用在文案格式「給●●的你」，能加強雞尾酒會效應。

> 給疲於每天拚命發推特文的人

> 給覺得每天狂發推特文好麻煩的人

　　本格式一樣記得要加上好處，否則會變成雖然吸睛，但不會想看下去的失敗文案。

給覺得每天狂發推特文好麻煩的人：
想知道一天只發兩次推特，就能增加一千位追隨者的方法嗎？

表現手法④
不需要〇〇也能●●

套用本格式瞄準類型②的客人時，**重點是「顛覆人們過往對商品的負面印象」，要讓消費者訝異地心想：「咦！為什麼啊？」**

此外，也能替換成其他類似句型。

可替換成類似句型

- 不〇〇照樣能●●
- 不用〇〇一樣●●
- 省略〇〇也能●●
- 擺脫〇〇也能●●

前面的「不需要〇〇」，請將「人們過往對商品的負面印象」填入〇〇裡；後面的「也能●●」就填上好處吧！

以剛剛的標題文案來舉例，會變成這樣：

想知道一天只發兩次推特，就能增加一千位追隨者的方法嗎？

不需要每天狂發推特文，
也能靠著一天只發兩次推特，就增加一千位追隨者。

套用本格式時，把句末改成「方法」，能強化吊胃口的「蔡加尼克效應」，在此推薦使用。

建議把句末改成「方法」

● 不需要○○也能●● ⇒ 不需要○○也能●●的方法
● 擺脫○○也能●● ⇒ 擺脫○○也能●●的方法

將上述文案加上「方法」，就會變成這樣：

不需要每天狂發推特文，
也能靠著一天只發兩次推特，就增加一千位追隨者的方法。

表現手法⑤
●●者精選

這也是常見的文案格式，瞄準類型②的客人時，重點是「由誰」精選，這邊請填入**「對之前的產品不滿意的人」**，或**「對其他**

競品不滿意的人」。

此外，本格式也別忘了加上好處喔。

> 想知道一天只發兩次推特，就能增加一千位追隨者的方法嗎？

> 受夠每天狂發推特文者精選
> 想知道一天只發兩次推特，就能增加一千位追隨者的方法嗎？

表現手法⑥
給人意外感的五種格式

類型②的客人追求的是更勝以往、更勝同類產品的體驗。換句話說，需要「意外感」才能打動他們。因此，下面五種格式對他們特別有效。

給人意外感的五種格式

【1】用○○●●的方法。

【2】為何用○○就能●●？

【3】沒料到○○竟能●●……

【4】這樣做了之後，我成功用○○●●了。

【5】你要不要試試用○○●●呢？

請在○○裡填入具有意外感的內容，在●●填入具體獲得的好處。

我們來試試，把下列標題文案套用在本格式。

光用水沖不需要刷，就能除去浴室黑黴
高壓蒸氣清潔機 2.0

　　意外感的內容是「光靠水沖不需要刷」，好處是「除去浴室黑黴」。

【1】用○○●●的方法。
⇒光用水沖不需要刷，就能除去浴室黑黴的方法。

【2】為何用○○就能●●？
⇒為何光用水沖不需要刷，就能除去浴室黑黴呢？

【3】沒料到○○竟能●●……
⇒沒料到光用水沖不需要刷，竟能除去浴室黑黴……

【4】這樣做了之後，我成功用○○●●了。
⇒這樣做了之後，我成功光用水沖不需要刷，就除去浴室黑黴了。

【5】你要不要試試用○○●●呢？
⇒你要不要試試光用水沖不需要刷，就除去浴室黑黴呢？

　　上面雖然皆未提及商品名稱「高壓蒸氣清潔機2.0」，但都成功營造出意外感，強化了「蔡加尼克效應」。

　　套用上述格式時，要留意「盡量不要動到句型」，如果套上去覺得讀起來「怪怪的」，就不要用。以本文案為例，下面兩則便顯得語意不清，讀起來怪怪的。

【4】和【5】淘汰

● 這樣做了之後，我成功光用水沖不需要刷，就除去浴室黑黴了。

● 你要不要試試光用水沖不需要刷，就除去浴室黑黴呢？

標題文案重視「說出訴求的魅力」，如果套用格式以後，反使訴求變得不清不楚，那就本末倒置了，請小心評估。

表現手法⑦
鋼琴文案

行銷文案裡有個著名格式，就是「鋼琴文案」。這種文案常用在音樂學校的線上課程招生文裡。

當我在鋼琴前坐下時，
大家都笑了。
但我開始彈鋼琴之後，大家都吃了一驚……　　　　（音樂學校線上課程）

這是美國最偉大的文案大師約翰‧肯博斯（John Caples, 1900-1990）寫下的經典文案，聽說維持了長達六十年的好評。

此外，本手法也適用於法語線上課程，並獲得熱烈迴響。

> 當我對服務生說法語，
> 大家都等著看好戲。
> 但我用法語回話之後，大家都五體投地……
>
> （法語線上課程）

我們可以把鋼琴文案寫成下列格式：

> 當我○○時，●●就笑了。但我○○之後……

這個文案的訣竅是，想像一個被嘲笑的主人翁，如何獲得意外的結果。故事越有意外性，越能引發強烈的蔡加尼克效應。「笑了」這部分可自由替換成主人翁被嘲笑的方式。

比方說，可以這樣用：

> 「反正只是冷凍鮪魚嘛？」
> 主廚嗤之以鼻。
> 但是，當他吃了一口……
>
> （冷凍鮪魚）

> 「咦？你要去美體沙龍？」
> 老公等著看好戲。
> 可是，當我回到家後……
>
> （美體沙龍）

> 「奉勸你不要隨便投資。」
> 同事露出苦笑。
> 誰知道,三個月後……
>
> (投資顧問)

　　瞄準類型②的客人時,請在鋼琴文案裡秀出商品名稱,猶豫中的客人會忍不住想讀下去。

表現手法⑧
最新的●●

　　「最新」一詞能有效提升人們的好奇心,想獲得新資訊是人的天性。這就是多數媒體每天不斷推出大量新聞的原因。

　　對類型②的客人來說,「最新」一詞特別管用。因為,他們追求的是有別於以往及其他產品的「差異性」。

　　舉例來說,我們在下列文案加上「最新」一詞,給人的印象就煥然一新。

> 耳鼻喉科醫師認證,花粉症應對方法

> 耳鼻喉科醫師認證,最新花粉症應對方法

只要能表達資訊是「最新的」，用其他詞替代也沒問題。上網搜尋同義詞和其他競爭商品的用詞，就會找到各種版本。

「最新的」類似用詞 ※ 不用形容詞，改用名詞也 OK

「最前線」、「新知」、「全新」、「創新」、「革命性」、「業界初次」、「初次引進」、「不曾有的」、「劃時代」、「次世代」、「●●最新版本」等。

表現手法⑨
照著做絕不會錯的●●

「照著做絕不會錯的轉行方法」、「照著做絕不會錯的中古車挑選法」、「照著做絕不會錯的露營法」……這類「照著做絕不會錯」的句型，也是行銷文案的常見套路。

本格式的公式如下：

照著做絕不會錯＋容易弄錯的事（容易失敗的事）

這個句型能有效降低商品的使用門檻，提升消費者對困難商品的信心。只是，套用的時候，務必做好市場調查，確定商品屬於困難的類型。如果有文案寫著「照著做絕不會錯的泡麵方法」，你應該也會滿頭問號吧。

此外，**本格式需視情形加上好處**，避免發生「單純吸睛但不想讀下去」的窘境。

例）職業轉介

照著做絕不會錯的轉行方法（增加年收及自由時間）

例）中古車情報

照著做絕不會錯的中古車挑選法（與未來陪伴多年的愛車相遇）

例）露營器材

照著做絕不會錯的第一次露營（美味、好玩、明年還想再來的美妙旅程）

　　讀完以上九個表現手法，有沒有感到茅塞頓開呢？

　　有一點需要注意，如果你發現這九個手法也適用於類型②以外的客群，歡迎試試看。並沒有「目標客群類型②以外用了沒效」這回事。

照著做絕不會錯的
相撲宿舍挑選法⋯⋯

這次或許對
相撲力士有效喔～

重點整理

Summary　【第十章】用標題文案攻陷「猶豫中的客人」九個表現手法

表現手法①不要●●

想知道一天只發兩次推特，就能增加一千位追隨者的方法嗎？ ⇒
從現在起，不要再每天狂發推特文了

表現手法②從今天起，和●●說掰掰

想知道一天只發兩次推特，就能增加一千位追隨者的方法嗎？ ⇒
從今天起，和每天在推特拚命發文說掰掰

表現手法③給●●的你（的人）

想知道一天只發兩次推特，就能增加一千位追隨者的方法嗎？ ⇒
給疲於每天拚命發推特文的人

把「消費者的心聲」套用過來 ⇒
給覺得每天狂發推特文好麻煩的人

表現手法④不需要〇〇也能●●

想知道一天只發兩次推特，就能增加一千位追隨者的方法嗎？ ⇒
不需要每天狂發推特文，
也能靠著一天只發兩次推特，就增加一千位追隨者（的方法）

表現手法⑤●●者精選

想知道一天只發兩次推特，就能增加一千位追隨者的方法嗎？ ⇒
受夠每天狂發推特文者精選

表現手法⑥給人意外感的五種格式

光用水沖不需要刷，就能除去浴室黑黴
高壓蒸氣清潔機 2.0

【1】用○○●●的方法。
光用水沖不需要刷，就能除去浴室黑黴的方法。

【2】為何用○○就能●●？
為何光用水沖不需要刷，就能除去浴室黑黴呢？

【3】沒料到○○竟能●●……
沒料到光用水沖不需要刷，竟能除去浴室黑黴……

【4】這樣做了之後，我成功用○○●●了。
這樣做了之後，我成功光用水沖不需要刷，就除去浴室黑黴了。

【5】你要不要試試用○○●●呢？
你要不要試試光用水沖不需要刷，就除去浴室黑黴呢？

※【4】和【5】淘汰（如果套上去覺得讀起來怪怪的，就不要用）。

表現手法⑦鋼琴文案

當我○○時，●●就笑了。但我○○之後……

「反正只是冷凍鮪魚嘛？」主廚嗤之以鼻。但是，當他吃了一口……
（冷凍鮪魚）

「咦？你要去美體沙龍？」老公等著看好戲。可是，當我回到家後……
（美體沙龍）

「奉勸你不要隨便投資。」同事露出苦笑。可是，三個月後……
（投資顧問）

※瞄準類型②的客人時，請在鋼琴文案裡秀出商品名稱。

表現手法⑧最新的●●

耳鼻喉科醫師認證，花粉症應對方法　⇒
耳鼻喉科醫師認證，最新花粉症應對方法

※「最新的」類似用詞
「最前線」、「新知」、「全新」、「創新」、「革命性」、「業界初次」、「初次
引進」、「不曾有的」、「劃時代」、「次世代」、「●●最新版本」等。

表現手法⑨照著做絕不會錯的●●

照著做絕不會錯+容易弄錯的事（容易失敗的事）

照著做絕不會錯的轉行方法
（職業轉介）

照著做絕不會錯的中古車挑選法
（中古車情報）

照著做絕不會錯的第一次露營
（露營器材）

注意點

如果你發現這九個手法也適用於類型②以外的客群，歡迎試試看。

專欄
Column

行銷文案寫法也適用於徵人廣告

本書介紹的行銷文案寫法，也適用於徵人廣告上，而且效果相當好。例如，參加本公司線上沙龍的學員S，**便在應徵照護人手的徵人廣告上善用這套技術，成功徵得理想人選。**

普遍來說，照護機構都有慢性人手不足的問題，人事經費是一筆龐大的成本開銷。在此之前，S任職的照護機構透過人力仲介公司轉介，每介紹一人，就要負擔六十～七十萬圓的仲介費。在成本緊縮的情況下，S嘗試了別的辦法，他開始自製徵人廣告，並且自行張貼廣發。

結果，S成功透過徵人廣告徵得兩名理想人手，僅花了十一萬圓的廣告成本，大幅省下人事開銷。

※當時用的就是這份文案↓↓

> 給受夠繁忙的機械式作業，如不停換尿布、洗澡的照護員：
> 我這裡有一份能夠慢慢花時間與入住者相處的照護工作……

這份文案仔細調查了目標客群「照護員」的情感需求，把打中他們的好處，用有魅力的方式說出來。在此之後，S同樣**透過自製徵人廣告，成功徵到理想的照護員，大幅節省人事經費。**

這也使得S晉升為公司的第二把交椅，成功爭取到一年三億圓的人事經費，連其他事業群也跑來委託他幫忙徵人。

第11章

用標題文案攻陷
「不想買的客人」
十個表現手法

切勿強迫推銷，說出「完美的解決方案」

本章教你巧妙攻陷目標客群類型③的標題文案技巧。復習一下第三章的內容，本類型的情感需求為：

類型③的情感需求

對好處有興趣，但不知道有這個產品。

- 消極地想著：「有沒有好方法可以解決問題？」、「我該怎麼做呢？」的客人。

類型③是購買意願最低的族群，他們並不清楚商品的價值，很可能一看見標題文案的推銷話術就喪失興趣。

換句話說，**攻陷本族群的最大要領是「切勿強迫推銷」。因此，我們要盡可能消除標題文案裡的「推銷味」，同時巧妙說出消費者渴求的「解決方案」。**本章專門教你，如何讓這些不想買的客人回頭問：「有這種事？」、「好在意！」的文案技巧。

表現手法①
隱藏商品名稱

類型③的客人厭惡推銷，原因在於他們不清楚商品的價值，甚至有許多人連聽都沒聽過這個產品。因此，在標題文案強調「這項產品很棒喔！」只會得到反效果，對方會心想：「搞什麼，又是推銷。」並且停止閱讀。

●他們想要完美解決方案

這類人尋求的不是商品，他們要的是解決煩惱的方法、滿足需求的方法。因此，瞄準類型③的客人時，請隱藏商品名稱。

隱藏商品名稱，同時提出完美的解決方案，就會成為蔡加尼克效應強烈的訊息。舉例來說，我們可以把商品名稱從下列標題文案中拿掉⋯⋯

不使用菜刀就能把魚去骨切三片的廚房神器「切三平」

不使用菜刀就能把魚去骨切三片的好方法

他出社會第二年就增加了一百萬年薪
「職業轉介 ABC」

他出社會第二年就增加了一百萬年薪的方法

只要拿掉商品名稱，就能讓消費者心想「為什麼？」並好奇地看下去，成功地發揮蔡加尼克效應，吊人胃口。

表現手法②
不要●●

這是第十章介紹過，運用了卡里古拉效應的文案格式，目的是讓人「越禁止越想要」，這也可以用在類型③的客人身上。

要禁止的東西是「消費者已知的其他解決方案」。理想的禁止對象是「明知很有效，但不想做的解決方案」。

●禁止其他已知解決方案

我們以活用「斷食法」的減重計畫來舉例吧。斷食法是間歇性斷食的簡稱，做法是每天安排固定的空腹時間來輔助減重計畫。

這套方法雖然必須忍耐飢餓，但不需要嚴格控管糖分攝取，加上還不是那麼普及，所以常常需要面對類型③的客人進行推銷。

在這個例子當中，目標族群為「渴望減肥成功的人」。那麼，我們該禁止哪些其他解決方案呢？請思考看看，明知很有效，但不想做的解決方案是什麼呢？

你應該想到許多方案了，其中之一是「斷糖減肥」。因此，我們想出了下列標題文案：

現在立刻停止斷糖減肥
<u>用這個方法就能大口大口吃白米飯</u>

瞄準類型③的客人時，我們一樣別忘記在禁止命令句後面加上好處（劃底線處）喔。

表現手法③
給●●的你（的人）

這是運用雞尾酒會效應的表現手法，此外也稱做抬頭文案法。瞄準類型③的客人時，直指具體的煩惱、需求和狀況，效果最好。

比方說，以販賣「增加部落格用戶的課程」來舉例。

● 客戶可能遇到的狀況

請專人製作網頁，委託行銷公司下關鍵字廣告，卻沒得到想要的效果，繼續委託下去只是浪費錢。

● 好處

不用製作費、廣告費，就能自動透過網路聚集新用戶。

瞄準類型③的客人時，抬頭文案請參考下列範例，**具體寫出消費者的心情，效果特別好。**

> 煩惱「砸錢增加網站用戶卻沒收到效果」的人
> 想知道製作費、廣告費 0，就能自動透過網路聚集新用戶的方法嗎？

瞄準類型③的客人時，我們**千萬別忘記在禁止命令句後面加上好處**（劃底線處）。

●徹底做好調查

重點：盡可能具體寫出消費者的心情及所面臨的狀況。

由於類型③的客人購買意願不高，馬馬虎虎的市場調查無法打中他們。有沒有寫到他們的心坎處，讓他們內心吶喊：「這根本是在說我吧？」是決勝關鍵。

表現手法④
不需要○○也能●●

這也是第十章出現過的格式，但用法不太一樣。瞄準類型③的客人時，請在「不需要○○」填入消費者已知的「其他解決方案」。如果可以，請填入消費者最排斥的解決方案。

「也能●●」這格請填入好處。我們以表現手法②提過的「斷食法」減重計畫來舉例，就會變成如下文案：

> 不需要禁食碳水化合物
> 也能擁有自信好身材

表現手法⑤
說故事

由於類型③的客人購買意願不高，要吸引他們回頭是相當困難的。

此時就很適合做故事行銷，用文案說故事。比較下面兩則文案，請問哪邊比較吸引人呢？

A	B
他成功在一個月內吸引到兩百名客人。	他，本來面臨歇業危機，最後成功在一個月內吸引到兩百名客人。

●故事容易讀進去

我想答案應該都會是B，因為B帶有故事性。

帶有故事性的文案，比非故事性的文案更容易閱讀，這部分我會在第十五章詳細說明。因為，故事具有引發共鳴的力量。**哪怕只是廣告，令人在意的故事都能吸引人讀下去。**

●容易讀進去，就會記在腦子裡

故事具有降低門檻、幫助理解的效果。試想，假設你今天要對一位幼兒解釋「同心協力達成目標的重要性」，你會怎麼說？

許多人應該感到頭大吧，但其實很簡單，可以讀《桃太郎》的故事書給小朋友聽。如何？眼前浮現出孩子專注聆聽的畫面了吧？

《桃太郎》的故事有四十頁，但你幾乎把故事都背起來了。故事容易被人記住，我們在寫標題文案時，也能善用這個優點。

●標題文案故事行銷的三個重點

你可能會想：「我又不是作家，怎麼寫得出故事呢？」別擔心，廣告用的故事一點都不難，只要掌握以下三個要點，任何人都寫得出故事文案。

重點①V字型

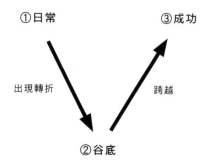

多數好萊塢電影和實境秀節目都是按照V字型來編寫劇本，因為這是人們最愛聽的故事流程。**放在標題文案，我們可以省略①，**秀出②谷底及③成功。

> 他，本來面臨歇業危機……②谷底
> 最後成功在一個月內吸引到兩百名客人……③成功

重點②給予共鳴

　　如果這個故事缺乏真實感，消費者就無法讀出訊息。製造隔閡有時是種技巧，**但故事內容一定要在消費者能容許、產生共鳴的範圍之內。**

重點③吊胃口

　　用標題文案做故事行銷，**必須讓消費者訝異心想：「這是如何辦到的？」、「為什麼啊？」**隱藏答案可吊人胃口，強化蔡加尼克效應。接下來，為你介紹故事性強的文案格式。

表現手法⑥
用「鋼琴文案」營造故事性

　　這是第十章教過的鋼琴文案，格式如下。這是故事效果非常好的文案格式。

> 當我○○時，●●就笑了。但我○○之後⋯⋯

　　請在主人翁被嘲笑之後，傳達成功的訊息吧！

　　和類型②不同，瞄準類型③的客人時，記得隱藏商品名稱，並且盡量不吹捧自家商品。

　　類型③的客人厭惡推銷，因此，套用鋼琴文案時，必須極力消除推銷痕跡，僅透過消費者關心的話題來吸引他們注意，如下列文案：

投手看見我家小兒子
不屑地笑了。
但是，當他投完第一球，就再也笑不出來了。
（少棒教室）

「妳那件衣服買太小了吧！」
老公調侃道。
怎知，三十天後……
（私人健身房教練）

「辭職能當飯吃？」
主管嗤之以鼻。
怎知，三個月後……
（職業轉介）

怎知，三個月後，
他繼承了老家的超市……

根本不需要轉介嘛！

表現手法⑦
本來○○，直到我做了●●……

本格式算是鋼琴文案的變化型，也是故事性很強的文案格式。

「本來○○」請填入V字型的「②谷底」，「直到我做了●●」請填入③的成功契機。

例如這篇文案，就會變成下面這樣：

> 他，本來面臨歇業危機，
> 最後成功在一個月內
> 吸引到兩百名客人。

> 他，本來面臨歇業危機，
> 直到他邂逅了
> 一個月內吸引到兩百名客人的
> 方法……

兩者差異不大，但後者更強調故事性，令人在意後續方法。

表現手法⑧
強調故事性的五種格式

　　以下介紹故事行銷超好用的五種文案格式。當中的【3】到
【5】與第十章介紹過的「給人意外感的五種格式」有所重疊，但用
法不同，還請留意。

強調故事性的五種格式

【1】即使○○也成功●●了。

【2】到底發生什麼事，○○才成功●●呢？

【3】用○○●●的方法。

【4】為何用○○就能●●？

【5】沒料到○○竟能●●……

　　**撰寫瞄準類型③的故事行銷標題文案時，請在○○裡填入「不
利的狀況」；即V字型的「②谷底」，並在●●裡填入好處；即V字
型的「③成功」。**

　　我們來把下列文案套用在這些格式瞧一瞧。

沒料到二郎同學
竟能三浪（重考三次）……

家長肯讓他重考
就不錯囉！

11
12
13
14
15
16
17
18
19
20

只要擁有這個「蛋包飯神器」，
不曾下廚的人也能做出滑嫩可口的蛋包飯。

【1】即使○○也成功●●了。
⇒即使是不曾下廚的我，也成功做出滑嫩可口的蛋包飯了。

【2】到底發生什麼事，○○才成功●●呢？
⇒到底發生什麼事，不曾下廚的我才成功做出滑嫩可口的蛋包飯呢？

【3】用○○●●的方法。
⇒不曾下廚的我，成功做出滑嫩可口蛋包飯的方法。

【4】為何用○○就能●●？
⇒為何不曾下廚的我，能成功做出滑嫩可口的蛋包飯？

【5】沒料到○○竟能●●……
⇒沒料到不曾下廚的我，竟能成功做出滑嫩可口的蛋包飯……

職人主廚專用的
蛋包飯神器……

他出社會第二年就增加了一百萬年薪。
「職業轉介 ABC」

【1】即使○○也成功●●了。
⇒即使他出社會才第二年，也成功增加了一百萬年薪。

【2】到底發生什麼事，○○才成功●●呢？
⇒到底發生什麼事，他出社會第二年就成功增加了一百萬年薪呢？

【3】用○○●●的方法。
⇒他出社會第二年就增加了一百萬年薪的方法。

【4】為何用○○就能●●？
⇒為何他出社會第二年就能增加一百萬年薪？

【5】沒料到○○竟能●●……
⇒沒料到他出社會第二年竟能增加一百萬年薪……

　　套用上述格式時，要留意盡量不要動到句型，如果套上去覺得讀起來怪怪的，就不要用。

表現手法⑨
●●時，你是不是做錯了？

　　這是對消費者煽動恐怖心理「再這樣下去不行喔」的手法，又稱作恐懼訴求（fear appeal），對特定商品很有效，可以先記起來。套用本格式時，可以這樣思考寫法：

「有風險的行動」＋「你是不是做錯了？」

　　比方說，請看下列標題文案：

改善口臭，你是不是做錯了？　　　　　　　　　　（治療口臭）

申請貸款，你是不是做錯了？　　　　　　　　　　（社會保險師）

面試時，你是不是做錯了？　　　　　　　　　　　（就業輔導處）

　　恐懼訴求型的標題文案不談好處，它透過訴求，敲響消費者心中的警鐘，讓他們著急地想知道正確答案。因此，文案的重點擺在「徹底喚醒消費者的恐懼心」。

表現手法⑩
●●的結果

這是在YouTube和網路新聞標題常見的句型，文案格式如下：

「蔡加尼克效應高的元素」＋「做完的結果」

蔡加尼克效應高的元素，可從引人好奇「究竟如何辦到？」的內容做發想。

和表現手法⑨一樣，本手法不談好處，目的是讓消費者覺得「有意思」。**這招通常不用在商品販售廣告，主要用在資訊型YouTube或部落格文章旁邊放的banner廣告上，讓消費者在無預警的情況下點進去**，適合用來刺探消費者的好奇心。

例如下面這些文案：

憂心髮量少的我，每天增加兩小時睡眠，結果……　　　（養髮沙龍）

停止讓成績吊車尾的兒子上補習班，結果……　　　（家庭教師）

四十歲的前程式設計師開始務農，結果……　　　（農業就業輔導處）

重點整理

Summary 　【第十一章】用標題文案攻陷「不想買的客人」十個表現手法

表現手法①隱藏商品名稱

不使用菜刀就能把魚去骨切三片的廚房神器「切三平」 ⇒
不使用菜刀就能把魚去骨切三片的好方法

表現手法②不要●●

不需要嚴格控管糖分的「斷食減肥法」 ⇒
現在立刻停止斷糖減肥，
用這個方法就能大口大口吃白米飯。

表現手法③給●●的你（的人）

不用請專人製作網頁，委託行銷公司下關鍵字廣告
就能自動透過網路聚集新用戶的方法。 ⇒
給煩惱「砸錢增加網站用戶卻沒收到效果」的人：
想知道製作費、廣告費 0，就能自動透過網路聚集新用戶的方法嗎？

表現手法④不需要○○也能●●

不需要嚴格控管糖分的「斷食減肥法」 ⇒
不需要禁食碳水化合物也能擁有自信好身材

表現手法⑤說故事 ···

他成功在一個月內吸引到兩百名客人。　⇒

他，本來面臨歇業危機，最後成功在一個月內吸引到兩百名客人。

表現手法⑥用「鋼琴文案」營造故事性 ·····························

當我○○時，●●就笑了。但我○○之後……

投手看見我家小兒子，不屑地笑了。但是，當他投完第一球，就再也笑不出來了。
（少棒教室）

「妳那件衣服買太小了吧！」老公調侃道。怎知，三十天後……（私人健身房教練）

「辭職能當飯吃？」主管嗤之以鼻。怎知，三個月後……（職業轉介）

※瞄準類型③的客人時，鋼琴文案不要放商品名稱。
　此外也盡量不要吹捧自家商品。

表現手法⑦本來○○，直到我做了●●

他，本來面臨歇業危機，最後成功在一個月內吸引到兩百名客人　⇒

他，本來面臨歇業危機，

直到他邂逅了一個月內吸引到兩百名客人的方法⋯⋯

表現手法⑧強調故事性的五種格式

> 只要擁有這個「蛋包飯神器」，
> 不曾下廚的人也能做出滑嫩可口的蛋包飯。

【1】即使○○也成功●●了。

即使是不曾下廚的我，也成功做出滑嫩可口的蛋包飯了。

【2】到底發生什麼事，○○才成功●●呢？

到底發生什麼事，不曾下廚的我才成功做出滑嫩可口的蛋包飯呢？

【3】用○○●●的方法。

不曾下廚的我，成功做出滑嫩可口蛋包飯的方法。

【4】為何用○○就能●●？

為何不曾下廚的我，能成功做出滑嫩可口的蛋包飯？

【5】沒料到○○竟能●●⋯⋯

沒料到不曾下廚的我，竟能成功做出滑嫩可口的蛋包飯⋯⋯

> 他出社會第二年就增加了一百萬年薪。
> 「職業轉介 ABC」

【1】即使○○也成功●●了。

即使他出社會才第二年，也成功增加了一百萬年薪。

【2】到底發生什麼事，○○才成功●●呢？

到底發生什麼事，他出社會第二年就成功增加了一百萬年薪呢？

【3】用○○●●的方法。

他出社會第二年就增加了一百萬年薪的方法。

【4】為何用○○就能●●？

為何他出社會第二年就能增加一百萬年薪？

【5】沒料到○○竟能●●……

沒料到他出社會第二年竟能增加一百萬年薪……

表現手法⑨●●時，你是不是做錯了？

改善口臭，你是不是做錯了？（治療口臭）
申請貸款，你是不是做錯了？（社會保險師）
面試時，你是不是做錯了？（就業輔導處）

表現手法⑩●●的結果

憂心髮量少的我，每天增加兩小時睡眠，結果……（養髮沙龍）
停止讓成績吊車尾的兒子上補習班，結果……（家庭教師）
四十歲的前程式設計師開始務農，結果……（農業就業輔導處）

注意點···

如果你發現這十個手法也適用於類型③以外的客群，歡迎試試看。

停止讓重考兩次的
二郎同學上補習班，
結果……

重考三次，不是嗎？

標題文案總結
Summary

不依賴表現技術

文案有八成是靠著抓訴求寫成的，如果把訴求晾在一旁，光顧著琢磨文字技巧，這種文案注定失敗。請把「說什麼？」、「對誰說？」擺在第一位。

選用適合的表現手法

標題文案有各式各樣的表現手法，但不需要每次都把招數全部用上。請每次重新針對個案情形，挑選最有效的技巧。

下文案最忌諱光顧著展現亮眼技術，結果顧此失彼，使訴求變得模糊不清。標題文案的表現技術，是為了宣揚訴求的魅力而生的，不要本末倒置了。

不用太死板

我雖然把標題文案的表現手法分成目標客群①②③來介紹，但沒有說哪一種客群一定要用哪種技術。只要你覺得「這樣做很有效！」，請跳脫目標客群，活潑應用這些技術吧！

> 此處介紹的標題文案表現手法，充其量只是眾多表現手法當中的一小環。平日請多留意各種廣告手法，多多充實，建立你的廣告字庫。

第12章

讓人好想讀下去的「引導文案」技巧

標題成功，不表示顧客就會讀

標題文案的作用是「即時抓住消費者的注意力」，讓他們有機會讀下去。

但是，**就算標題很吸睛，消費者也不打算把整篇廣告讀完，這時候，就需要「引導文案」來做輔助**。本章教你重要程度僅次於標題文案的引導文案該如何下筆。

●廣告文由三塊版面構成

行銷文案的全文容易拉得很長，你一定看過長長一條的廣告登陸頁面。但是，**不管頁面拉得多長，行銷文案基本上都由三塊版面構成**，這部分請先記住。

下一章，我會深入介紹「內容文案」怎麼寫。本章介紹的「引導文案」放在標題文案的後面，是讀完標題後會立刻注意到的位置。

廣告基本架構

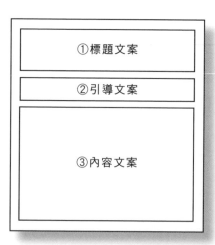

再推消費者一把的「引導文案」

被標題文案吸住目光的人，多少對後續內容有些在意，要一口氣提升他們的閱讀動力，靠的就是引導文案。

> 你就把引導文案想成一桶汽油，
> 往標題文案燃起的火苗上輕輕一潑。

引導文案扮演著相當關鍵的角色，它若是失敗了，會折損藉由標題吸來的大半客人。正因為引導文案如此重要，**我們更應該把標題文案和引導文案看成一組。**

引導文案要寫以下三種內容，或是複合式內容。

引導文案要寫的三種內容

①強化標題文案；
②讓人想讀下去（蔡加尼克效應）；
③誘人的活動企劃。

引導文案的內容①
強化標題文案

引導文案的作用是「補強標題文案釋放的訊息」。具體來說，就是以下ABC的其中之一，或是複合式內容。

補強標題文案的三個部分

【A】傳達標題文案沒提到的其他好處。

【B】出示社會證明或權威性。

【C】詳細說明標題文案。

【A】傳達標題文案沒提到的其他好處

請參考本公司實際接過的廣告案子。

這是對美髮院老闆推銷新型燙髮器的廣告，瞄準目標為類型②的客人。他們是對新型燙髮器感興趣的族群。這台燙髮器具有美髮效果，在縮毛矯正及燙直之後，能使髮質變得更好。一般來說，縮毛矯正和燙直之後，髮質都會嚴重受損，因此，本產品擁有其他產品沒有的優點。

導入儀器的店家，紛紛成功提高單價，使客人更常回來做頭髮，生意變得更興隆。

假如我們已在標題文案提過它的美髮效果，這一次，我們可以在引導文案提到它的營收效果。

> ● **標題文案**
> 為何縮毛矯正和燙直之後，髮質會變得這麼好呢？
> （下面放前後比較圖）
>
> ● **引導文案**
> 這項「美髮技術」能和其他美髮沙龍做出差異，拉高三千圓的顧客單價，回購率百分之九十，顧客紛紛口耳相傳，介紹更多朋友過來。

【B】出示社會證明或權威性

在引導文案加上「社會證明」和「權威性」，能提升標題文案
所傳達的價值，使消費者更加躍躍欲試。

在引導文案出示社會證明

首先介紹，如何在引導文案出示社會證明。我用針對中高年齡
層高爾夫球手的課程廣告來舉例說明。

瞄準目標為類型②的客人，這些人想要精進球技，但是不知要買哪
種課程。本課程主打短時間內透過專家建議，提升揮桿時球飛出去的距
離，至今已成功幫助超過一千人的高爾夫球手提升揮桿飛行距離。

因此，社會證明即「超過一千人進步」，我們由此寫出以下標
題文案和引導文案。

● **標題文案**
短短五分鐘的專家建議，
五十二歲男性高爾夫球手便讓揮桿飛行距離增加三十碼。

● **引導文案**
超過一千名臂力和體力已衰退的中高齡高爾夫球手，成功提升球的飛行距離。

在引導文案展現權威性

展現權威的方式比較簡單，我用民間企業新開幕的安親班招生
傳單來舉例說明。

　　瞄準目標為類型②的客人，這些人正在煩惱該讓孩子上哪間安親班。提出的權威為「由知名升學班審訂智育課程」，我們由此寫出以下標題文案和引導文案。

● **標題文案**
給想在○○區尋找安親班的家長。

● **引導文案**
知名升學班名師●●審訂智育課程，
民間安親班開幕招生中。

【C】詳細說明標題文案

　　具體的說明能夠增加產品的信用度，因此，我們可以在引導文案進一步說明標題文案提到的好處，增加消費者對產品的信心。

以牙醫診療課程為例

　　這是比較罕見的廣告例子，內容是針對牙醫門診新項目「口腔機能發育不全症」開課，邀請牙醫來上課進修。

　　這是許多牙醫尚未熟悉的新領域，因此瞄準的客群為類型③。完成這套進修課程後，就能在診所增設口腔機能發育不全症的門診項目，無須花費額外成本，用短短五分鐘的簡單評估和指導，就能獲得醫療點數（即牙醫診所的業績）。

　　此外，它還帶來一個好處，即掛號人數增加，一併解決許多牙醫診所煩惱的經營問題。從這個例子，我們想出下列標題文案及引導文案。

> ● **標題文案**
>
> 短短五分鐘的簡單評估和指導，就能獲得醫療點數。
>
> 你，知道這個門診新項目嗎？（而且 0 成本）
>
> ● **引導文案**
>
> 許多診所尚未正式引進。
>
> 一次學會「口腔機能發育不全」的醫療知識、醫療點數、檢查、診斷、改善
> 方法及管理實務。

我們在標題文案提出解決牙醫診所經營問題的好處，接著利用引導文案詳細交代解決的原因（產品特色），成功替資訊價值加分。

以外牆塗裝為例

我們繼續看看其他例子，這次是外牆塗裝廣告。

瞄準客群為類型②，他們是猶豫該找哪家外牆塗裝業者的客人。主打商品為使用具有自動清潔功能塗料的外牆塗裝工程，只要下雨，住家外牆就會自動清洗得亮晶晶；更厲害的是，這種塗料平均能維持外牆二十五年的整潔美觀。

以下是我們想出的標題文案及引導文案。

日本酒、威士忌、波本酒，
一次滿足三種口味。

感覺隔天會宿醉得很慘呢～

●**標題文案**

騙人的吧？只要下雨，住家外牆就會變得亮晶晶……

●**引導文案**

更厲害的是，耐用年數超過二十五年。
一般的外牆塗裝每十年就要更新一次，
真是省下一大筆開銷。

　　我們在引導文案具體強調標題文案所說的好處（自動清潔）可以長久維持，藉此替資訊價值加分。

引導文案的內容②
讓人想讀下去

　　引導文案也適合用來強化吊人胃口的蔡加尼克效應。想要加強蔡加尼克效應，就要透露一點點「未完資訊」，讓人好奇是怎麼一回事。我們要吊足消費者的好奇心，並在最重要的地方打住，讓消費者心想：「究竟如何辦到？」、「為什麼啊？」

　　訣竅就是，亮出好處之後留下謎團。

以健身房為例

　　這是主打女性的健身房廣告。標題文案已經應用了蔡加尼克效應的句型，我們在引導文案繼續加強它的效果。

> ● 標題文案
> 為何她不管到了幾歲，身材都如此曼妙動人？
>
> ● 引導文案
> 你身邊總有一個揚言自己吃不胖的人吧？
> 她，為何總是不會胖？
> 她，為何總是越變越美麗呢？

徵求代售房屋

這是房仲業者徵求代售物件的廣告例子。

有沒有看過印著大字「徵代售房屋」、「收購房屋、土地」或「徵求！代售物件」的廣告傳單呢？請先想像這類廣告單。

這是夾在報紙裡的廣告單，標題文案用了強化雞尾酒會效應的句型，希望一舉擄獲目標客群的注意。引導文案則用成功者和失敗者的故事做說明，引誘人讀下去。

> ● 標題文案
> 給〇〇市有意賣房者的重要通知。
>
> ● 引導文案
> 枯等六個月還賣不出去，最後只能降價拋售的屋主，
> 以及只花三個月就用理想價格賣出房子的屋主。
> （兩者之間差在哪裡呢？）

上面的引導文案用了成功與失敗的對比故事，讓人好奇其中的差異。這個寫法具有高度故事效果，非常好用，請一定要把它記起來。

引導文案的內容③
誘人的活動企劃

活動企劃是廠商承諾客人的誘人交換條件，我在第十六章會詳細解說。只要你的案子符合以下三項條件的其中一項，就能利用引導文案進一步說明企劃內容，並且獲得良好的效果。

符合一、二項便能利用引導文案補充活動企劃

【條件一】
你的廣告瞄準類型①或②的客人，並有吸引人的活動企劃。

【條件二】
想透過免費試用或低價促銷來吸引潛在消費者。

● 【條件一】實例示範

這是為注重尿酸值的客人準備的保健食品推銷廣告，瞄準的是類型②的客人。他們擔心自己的尿酸值過高，正在挑選應該購入哪種保健食品。由於商品本身並非大廠牌，廠商舉辦了三十日免費試吃的活動企劃。

標題文案用了「○○者精選」格式，並在引導文案進一步說明誘人的企劃內容。

- **標題文案**

用過許多控制尿酸值的保健食品都不滿意者精選。

- **引導文案**

實際感受產品效果，
三十日免費試吃活動。

●【條件二】實例示範

接著是專門協助會計師的經營顧問廣告。該顧問公司設計了一套單月諮詢費較高的實用技術，至今幫助許多會計師事務所提升業績。

但是，由於大部分的會計師尚未聽過這套技術，所以瞄準了類型③的客人。為了吸引潛在客戶，他們特別準備了當時受到會計師矚目的「個人編號對策」教學講義作為免費贈品。

標題文案及引導文案如下。雖然瞄準的是類型③的客人，但有誘人的活動企劃作為行銷武器，我們一樣可以在引導文案做補充。

- **標題文案**

教你一個讓月付會計諮詢費提升為兩倍的好方法。

- **引導文案**

就是現在！
免費贈送「個人編號對策」教學講義。

說明「活動企劃的原因及價值」

　　利用引導文案宣傳好康贈品時，千萬別忘了交代「活動企劃的原因及價值」。比方說，下面兩則引導文案，你覺得哪邊看起來比較吸引人呢？

● 引導文案①
三十天免費試用。

● 引導文案②
實際感受它的魅力。
三十天（三千九百八十圓）免費試用。

　　應該是後者對吧。

　　即使活動企劃的內容相同，光是註明原因及價值就能增進銷量，請務必寫上去。

這麼做能幫助你
迅速喝醉……

有時真的會想喝得
爛醉如泥呢～

構思引導文案的三個步驟

前面已經詳細說明引導文案的寫法了，如果你還是不知該如何下筆，請依照下列步驟進行構思。

構思引導文案的三個步驟

①你在人來人往的街頭招攬生意；

②你靠著第一聲呼喚（標題文案），使前方三公尺的目標回頭；

③他聽見了「下一句話」，於是朝你走過來。

「下一句話」就是你的引導文案。

要在短短數秒內決勝負。什麼話能提起對方的興趣，讓他興奮地朝你走過來呢？請簡短地說出來吧！

我是文案寫手！

但我還在實習……

重點整理

Summary　　　【第十二章】讓人好想讀下去的「引導文案」技巧

廣告文案分成三類

- 分別是標題文案、引導文案及內容文案。
- 引導文案接在標題文案後面。
- 放在讀完標題文案就會看到的位置。

標題文案吸引顧客注意，引導文案讓顧客想讀下去

- 消費者被標題文案吸引後，會多少有點在意後續。
- 引導文案的作用是，將他們想讀的心情提升至最大值。
- 引導文案要是失敗了，將會流失大半消費者。
- 引導文案是廣告文中第二重要的部分。
- 請和標題文案放在一組思考。

引導文案的三種寫法

①強化標題文案；

②讓人想讀下去；

③誘人的活動企劃。

　　※三合一也OK

引導文案構思術

①你在人來人往的街頭招攬生意；

②你靠著第一聲呼喚（標題文案），使前方三公尺的目標回頭；

③他聽見了「下一句話」，於是朝你走過來。

第 13 章

讓人專心閱讀的
「內容文案」技巧

突破消費者心防，讓他們行動

這是廣告界的傳奇人物，麥克斯韋・薩克海姆（Maxwell Sackheim, 1890-1982）提倡的不朽三原則。

廣告大師提倡的不朽三原則

顧客對廣告的反應：

①不想讀（Not Read）；

②不相信（Not Believe）；

③不行動（Not Act）。

我們無論如何都要突破第一道關卡「①不想讀」，之後才有機會成功。倘若消費者連讀都不讀，當然就不會有②跟③了。前面章節教你的抓訴求、標題文案、引導文案技巧，全是為了突破①這道關卡而設計的。

但是，突破②跟③同樣是行銷文案的重責大任。我們好不容易透過標題和引文，成功吸引消費者注意，如果最後因為內容看起來不夠好，使一切付諸流水，豈不是太可惜了？問題是，我們究竟要用什麼方式，突破「②不相信」跟「③不行動」呢？

答案就是「內容文案」。

暢銷內容文案的「原理原則」

內容文案即去除標題和引文之後的廣告內文。你的廣告會不會被讀，取決於標題和引文下得好不好，但別忘了，內文也一樣重要。

因為，**廣告內文若是寫不好，就會給顧客「不買的理由」**。人們會在讀過之後決定「還是別買吧」。為了避免這種尷尬情形，我們要先弄懂內容文案的主要目的。

●內容文案的目的

內容文案的目的是：培養消費者的購買意願。與標題文案的目的做比較，就能察覺兩者所需的文章類型是不一樣的。

標題和內文各司其職

● **標題文案**
目的：一秒抓住消費者目光，使其在意後續內容。
消費者應有的反應：「怎麼回事？」、「如何辦到？」
● **內容文案**
目的：培養消費者的購買意願。
消費者應有的反應：「沒錯沒錯」、「原來如此」、「我需要這東西」。

●不需要文筆

撰寫暢銷內容文案不需要文筆。請記得，我們賣的是商品，不是廣告文。寫文章的目的不是以正確的文法傳達文學之美，而是使人提起興致、購買產品。

> 換句話說，
> 內容文案要的是良好的行銷話術。

●內容文案需要「說服力」

什麼叫行銷話術？其實就是「說服術」。由此可知，「好的內容文案」即等於「良好的說服術」。

說服術一直是全世界的熱門研究項目，人們揭開了一個事實：說話的順序至關重要！放在暢銷內容文案裡，即指良好的文章流程。

因此，在你動筆寫內文之前，務必先擬好文章流程，釐清「我要按照什麼順序說」。

●順序不同，反應也會跟著變

舉例來說，如果我們想請叛逆期的國中生幫忙跑腿，看看以下對話例子，你就能發現「說話的順序」有多重要了。

模式 A

母）幫媽媽去附近超市買米回來。

子）咦～才不要，米很重耶。

母）你去幫我買，找的錢都算你的。

子）找錢有很多嗎？

模式 B

母）兒子啊，想不想要零用錢？

子）當然要！為什麼突然有錢？

母）買東西會找錢啊，晚餐的米不夠用了……

子）找的錢算我的零用錢？去平時那家超市買就好嗎？

按照模式A，這對母子恐怕還得持續交涉。要是一個不順利，兒子嫌找的錢太少，「幫媽媽跑腿」就不成立了。

此模式的流程為「母親的命令」與「兒子的反抗」。

模式B則相當巧妙。母親開頭便丟出好處，引起兒子的興趣，接著說明得到好處的原因，用的不是命令語氣，而是讓兒子自行察覺該做的事。

模式A和B都是請人幫忙，但A引發了「反抗」，B則產生了「協助」。

●內容文案「流程」就是一切

談到內容文案怎麼寫，許多人會探討細部學問，但最重要的就是文章的流程。

如同上面的例子，「說話的順序」決定了消費者會有的反應，一旦寫錯了，將無法引導他們至期望的方向。

至今為止，我收到非常多關於內容文案的撰寫問題，如「怎麼寫都寫不好」、「內容變得支離破碎」、「寫著寫著就卡住了」等。

想要解決這些問題，我們得看文案的編寫流程。先決定說話的正確順序，正式開始寫時就不會那麼徬徨。

我已用前面的章節告訴你，撰寫標題文案之前，要先思考訴求。同樣地，**撰寫內容文案之前，一定要「先思考流程」。**

暢銷的內容文案，都是靠流程決勝負。這就是內容文案的「原理原則」。

暢銷內容文案必備的五個法則

講解文章流程之前，先替各位建立幾個大觀念。撰寫內容文案時，一定要遵守這五個法則，才有機會讓消費者看完以後付出行動。

●法則①不是「一對多」，請用「一對一」的態度面對消費者

要吸引消費者仔細讀文案，必須讓他們覺得：「這從頭到尾都是在說我吧？」意思是說，你用文字釋出的訊息，都要有個非常明確的接收者。

先別管你的目標基數是一百人還是三十人，**總之，請對著眼前的一個人說話**。如果你的目標是對著一萬人說，將無法打動任何一個人。

反過來，你若能寫出深深打動一個人的文案，就會有許多人跟這個人一樣，決定展開行動。

●法則②重點不在「我怎樣」，而是「你如何」

內容文案的主角不是賣家也不是商品，而是顧客。顧客沒興趣聽老王賣瓜，他們關注的是：自己能否從中受益。

所以，**請把「我都這樣做」改成「你會得到這樣的結果」**。別說「我們家的產品很棒」，請說「這個產品很適合你」。

一篇內容文案裡面如果有太多內容都是以賣家本身為主角，只會讓消費者覺得是自吹自捧，還請注意。

●法則③想說的重點控制在一個

我至今修改過不少文案，常遇到一個問題就是，有太多文案「看不出重點」。原因出在，他們沒有設定一個大主題。

我們常試圖透過一支廣告，一次傳達出好幾種訴求，但一份文案請掌握一個訴求。為了讓這一個訴求深深打動消費者，你要用很多方式去說。

如果你要的是簡單好懂、說服力強的行銷文案，**就請掌握「一廣告一訴求原則」去做發想吧！**

●法則④文章不是越長越好

行銷文案容易不小心越寫越長。你一定看過長長一條的廣告頁面吧？這樣的廣告十分常見，有人可能因此誤以為「寫越多效果越好」，實際上並不是。

相反地，**無用的長文只會增加「閱讀壓力」**。我們應該把重點放在：你的文章刊都是消費者需要的必要資訊嗎？如果內容皆為重點，且沒有離題，文章稍微拉長一點是OK的；只是，千萬不要為了填充字數，亂塞一堆無關緊要的東西進去。勿忘顧客時間寶貴，沒必要聽你東拉西扯。

所以是越短越好的意思囉？
太好啦！

人家可沒這麼說。

●法則⑤不是「我告訴你」，而是「讓他察覺」

我在前面提到，內容文案是一種行銷話術；而行銷話術就是一種說服術，但目的並非辯贏對手。就算消費者不明白這項產品好在哪裡，你也不用據理力爭。

重點在於，讓他自己察覺。

你的需求為何總是無法滿足？原因為何？有沒有更聰明的解決方案呢？

透過答案，讓他明白商品的必要性與價值。人無法改變別人，撰寫內容文案時，請提供對方「主動改變的契機」。

專家奉行的兩個原則

內容文案由多種流程組成，根據我長年研究國內外文案流程的經驗，發現所有文案模式必定符合兩個條件。

專家奉行的兩個內容文案原則
原則①讓人在意後續；
原則②培養購買意願。

現在，我自己在撰寫內容文案時，並不會套用特定格式來寫。因為，我已經可從多年經驗來判斷，並視情況自由發揮。

但無論遇到任何情況，我必定會遵守以上兩個原則。假如你已經是一位經驗豐富的行銷文案工作者，只要遵守上述兩個原則，就

能寫出優秀的內容文案。

假如你是經驗尚淺、缺乏信心的**初學者，可參考下列五個步驟流程，循序漸進地編寫你的內容文案。**

是喔？
那我遵守兩個原則吧！

齁～你只是不擅長
寫長文吧？

用五個步驟寫出內容文案

這些年來，我研究了許許多多的內容文案流程版型，經過分析實測後，成功歸納出一套任何商品都能通用的版型，即「五步驟流程」。

具體來說，你可以按照下列順序編寫內文。

推薦初學者使用的內容文案五步驟
步驟①表達共鳴；
步驟②提出問題及解決條件；
步驟③提出具體的解決方案；
步驟④暢談好處；
步驟⑤收尾。

這五個內文步驟基本上是瞄準類型③的客人，但只要搞懂其中的原理，就能應用在類型①、②的客人上。

我們先從類型③的客人開始，來一步步了解每個步驟該怎麼做吧。

●步驟①表達共鳴

對顧客的煩惱、需求、價值觀表達共鳴，
同時表達「我懂你的感受」。

內文開頭，請用文字「表達共鳴」，目的是與消費者建立信賴關係（rapport）。 在心理學用語，rapport指的是「對人產生好印象」的和諧關係。

需要建立信賴關係的兩個原因

我們為何需要在開頭建立信賴關係？

原因有二：一是提升文案被仔細閱讀的機會。任誰都一樣，沒有人想聽初次見面、頻率不合的人發表長篇大論，讀文章也是同樣的道理。傷腦筋的是，行銷文案容易變得冗長，光是讀就會形成壓力。因此，在開頭建立信賴關係可有效減輕壓力。

第二個原因是，能大幅增進消費者對後續文章的好印象。畢竟相同的內容，「有沒有好感」給人的印象就完全不同。

不要求完美的信賴關係

信賴關係需要透過對話慢慢建立，光靠幾行字就要消費者完全信賴你是不可能的。在步驟①，我們只需要讓消費者認同「嗯嗯，沒錯」就行了。

因此，我們可以**對顧客的煩惱、需求、價值觀表達共鳴，同時表達「我懂你的感受」來獲得效果。**

此時要積極取得消費者的好感。文案切勿使用反諷或否定語氣，那樣是無法構築信賴關係的。

還有記得**在結尾時吊吊胃口，讓消費者想進一步閱讀步驟②的內容。**

●步驟②提出問題及解決條件

告知消費者煩惱的根本原因，
提供解決煩惱的有用情報。

設計步驟②的作用，是為了替步驟③鋪路。

在步驟③，我們會正式介紹商品和服務，為了讓消費者自行察覺「這個商品和服務就是最好的選擇」，我們需要步驟②當作引子。

換句話說，**步驟②是幫助消費者在讀完步驟③後，主動察覺「我需要買這東西」的必要裝置。**

希望得到的反應「謝謝你告訴我」

　　為了讓消費者表達感激，我們必須提供「消費者認同的有用情報」，做法是告知煩惱的根本原因及能夠改善問題的條件。這邊的意思是說，內容要讓消費者訝異：「咦？怎麼回事？」並點頭贊同：「原來如此！真有用！」

　　注意，此時還先不要提到商品。

　　接著同步驟①，以吊胃口的方式作結，讓消費者有機會讀到步驟③。

●步驟③提出具體的解決方案

　　證明你的產品即最佳解決方案。

　　來到這個步驟，我們終於要正式介紹商品了。但是，要做的不是一般的推銷。你只是要證明，你的商品滿足了步驟②所提到的條件，是最棒的選擇。接著，仔細說明產品特色、優點和價值，目的是「幫助消費者實現好處」。

　　如果能準備其他顧客的使用心得、推薦文、實際成績或實例等客觀證據，效果更好。

　　請注意，如果步驟②失敗了，步驟③也不會成功。消費者在本階段正式看到商品時，能否出於己意覺得「這就是我要的東西！」，全看步驟②的表現。

減肥食品廣告文範例

為了更好懂，我直接使用減肥食品廣告的步驟②和③當作範例，請細細比較其中的關聯性。

步驟②提出問題及解決條件

你會容易變胖、不易瘦下來，可能是蔬菜攝取不足導致。聽說用餐的時候，先吃一大盤沙拉，就能讓食物纖維形成濾網，抑制糖分吸收，達到減肥效果。

步驟③提出具體的解決方案

可是，每餐都要吃一大盤沙拉太困難了。如果你經常外食，或覺得最近菜價太貴，推薦你使用●●健康食品。只要在飯前喝二十毫克，就能攝取相當於一顆高麗菜的食物纖維喔。

步驟③的構成元素

- 產品特色、優點、價值、與他牌產品之比較。
- 刊登其他顧客的使用心得。
- 刊登權威人士的推薦文。

寫著寫著，
我自己也想買了。

我也是～

●步驟④暢談好處

> 多說說好處的魅力吧！

　　來到本階段，我們要把誘人的好處通通說出來。別忘了，沒提到好處的文案是賣不出東西的。

　　使用第二章教過的「也就是說，這表示？」推論法，**盡情暢談標題文案及引導文案放不下的好處吧！**要注意以下兩點：

步驟④請留意兩點

①好處要具體
收入增加　⇒　年收增加一百萬圓

②同時說明得到好處的原因
年收增加一百萬圓　⇒
成功轉職進入志願的外商公司，年收增加一百萬圓

一個好處就能驅使人心

　　你曾有在便利商店或書店，突然拿起一本陌生雜誌，站著就讀起來的經驗嗎？原因是什麼呢？因為封面上有某項情報吸引你的注意，你才下意識地拿起來讀嗎？

　　這和顧客被某個好處吸引、進而展開行動的感覺很類似。因此，**有什麼好處就通通端出來吧！**列舉多種好處時可用條列式，就會變得清晰好懂。

學會這套速讀術後……

☑ 僅靠通勤時間就能月讀超過十本書。

☑ 提升動態視力，在棒球打擊訓練場打中一百四十公里的速球。

☑ 動腦速度變快，專注力變好。

☑ 提升情報處理能力，工作效率更高。

☑ 資格檢定考變得更輕鬆。

☑ 能將獲得的知識和技術快速輸入腦內。

●步驟⑤收尾

請現在立刻下訂。

步驟⑤的目的，就是要突破麥克斯韋‧薩克海姆提出的第三個原則「顧客看完廣告依然不會行動」。

這是最重要的步驟。收尾的意思是「和顧客成立交易」。**步驟⑤要是寫不好，即便步驟①到④寫得再好都沒用，顧客會心想「還是下次再說吧！」並打消念頭。** 機會不會重來，一旦打消念頭，絕大多數人之後就不會再買。

或是，他們會去買其他商品。

想要成功收尾，需要達成以下三個條件：

成功收尾的三個重點
①必須現在立刻下訂的原因；
②排除疑慮；
③合理的價格。

①必須現在立刻下訂的原因

使用「在○月○日之前購買，享有○圓優惠」、「有○位贈品名額，先搶先贏，送完為止」等，具有時效性的優惠活動攻陷顧客。

②排除疑慮

使用「保固」、「售後服務」、「試用期間」等排除疑慮的服務攻陷顧客，讓他們不再擔心買完後悔。

③合理的價格

即便是低價商品，也請說說價格便宜的原因。但不是強調便宜，而是讓顧客有「以划算的價格買到好東西」的感受。

許多人來到最後一步，都敗在鬆懈。請注意，你若不朝顧客的背推一下，他們就不會展開行動。直到最後一刻，文案都不該鬆懈。

寫到活動企劃，
已經筋疲力盡了⋯⋯

寫文案常有的事。

針對「不想買的客人」
目標客群類型③的內容文案範例

以下實際示範套用五步驟的內容文案寫法。商品為「讓人點進去的寫作技巧講座」，瞄準的是類型③的客人。這群人期待網站能帶來更多銷量，卻不知標題文案扮演了關鍵角色。

標題文案

本來一整年毫無回應的網站，
開始每日收到兩～三份訂單詢問的方法。

引導文案

做什麼都毫無回應的網站，以及每天有人詢問下訂的網站。
（兩者之間，差在哪裡？）

步驟①表達共鳴

努力做了網站卻毫無回應。我明明請人下了關鍵字廣告，也參考了競爭對手的網頁設計，為什麼反應這麼差？……你也有過上述經驗嗎？這種情況真讓人一頭霧水。我明明提供了顧客喜歡的服務，提到產品，也比別人更有自信，為何就是沒人詢問下訂呢？

步驟②提出問題及解決條件

事實上，百分之九十的顧客光看網站的頭兩～三行字就離開了。這表示，無論你的網站做得再好，多數客人可能都只是匆匆一瞥。要不要繼續逛這個網站，取決於顧客第一眼看見的數行文字（標題文案），換算成時間，短短數

秒便決定生死。如果顧客無法讀下去，當然就無法得知你的產品有多好。不過，只要寫出能一秒吸住顧客目光的標題文案，你的網站就有機會被人看見。他們會了解你的產品服務有多細心，網站的訂單詢問也會增加。

步驟③提出具體的解決方案

「可是，標題文案怎麼寫？」、「我不擅長寫作文。」、「聽起來好困難。」你可能會這麼想。請放心，「讓人點進去的寫作技巧講座」至今已幫助超過五百人獲得良好成績，連本來一整年都無人聞問的網站，經過三個月的調整，現在每天都能收到兩～三封詢問訂單。說到暢銷標題文案的寫法，你可以先看看三小時就能學會的教學影片，有不懂的地方，會有經驗豐富的文案專家，笑咪咪地把你從不會教到會，即便是初學者也能安心學習。這比看書或上網學，來得快速、確實多了，你很快就能學會暢銷文案技巧。更棒的是，本課程可以免費、不限次數地幫你修改寫好的標題文案，全面性地提供支援，直到你的網站變成厲害的營銷網站。

※ 刊出顧客的使用心得。

步驟④暢談好處

學會暢銷標題文案的寫法，可以讓你⋯⋯

☑ 來自網站的訂單增加，不用擔心沒有客人。

☑ 發揮廣告的雙乘效果，讓你省下更多資金。

☑ 你也可以透過實體傳單或網路廣告增加客源。

☑ 部落格和電子報的讀者增加，有自己的粉絲。

☑ 對想增加曝光的公開演講課程也很有效。

步驟⑤收尾

「讓人點進去的寫作技巧講座」,一個月的課程費用是八百八十圓,比買一本文案寫作書便宜,除了教學影片,還能不限次數地接受經驗豐富的文案專家支援指導。你可以跟其他課程講座比較看看,就會發現本課程真的划算到不行。坊間幾乎找不到從抓訴求開始、手把手教你的文案課了。即日起有三天免費試用。目前只剩下五十八個名額,意者從速。

還差一點點,
加油。

我討厭寫長文~

針對「猶豫中的客人」
目標客群類型②的內容文案範例

瞄準目標客群類型②時，一樣能套用五步驟構思內容文案。

類型②的客人是煩惱「要買哪一個？」、「該怎麼做決定呢？」的人。針對這些猶豫不決的客人，我們**從步驟①到步驟⑤，要一貫地強調「我們與其他產品哪裡不同」**。

我把剛剛介紹過的五步驟重新放上來。

推薦初學者使用的內容文案五步驟
步驟①表達共鳴；
步驟②提出問題及解決條件；
步驟③提出具體的解決方案；
步驟④暢談好處；
步驟⑤收尾。

以下舉例說明。商品一樣是「讓人點進去的寫作技巧講座」，瞄準的是類型②的客人。這些人知道標題文案掌握了網站流量密碼，本來就有自主進修。

但由於自學效果不彰，他們正考慮向專家請益。針對這些人，我們在內容文案的「訴求」和「費用」上，都要強調與別人哪裡不同。

標題文案

改變短短三行標題文案,為何能讓本來一整年毫無回應的網站,開始每日收到兩～三份訂單詢問呢?

引導文案

暢銷標題文案寫法,五百人證實有效。而且,即日起三天免費試用……

步驟①表達共鳴

你想的沒錯,對營銷網站來說,標題文案實在太重要了。短短兩～三行的標題文案,就能讓網站反應爆增一個位數。但是,照著書籍和網路上的教學做法做了之後,並未得到預期的效果……。套用了暢銷文案格式寫作,網站還是沒有起色……。究竟是哪裡出了問題?……你,也有上述煩惱嗎?

步驟②提出問題及解決條件

事實上,標題文案無法光靠吸睛的表現手法就改變結果。顧客要的不是美麗的書面,而是夢寐以求的提案訴求。例如,想在炎熱的夏天販賣熱呼呼的關東煮時,無論你把關東煮形容得多麼美味可口,買的人也不會增加。不過,如果向減肥中的人提案:「想不想大口吃低卡路里又美味的午餐呀?」就會出現一堆需要它的人來瘋搶。因此,你在動筆之前,要先仔細思考你的「暢銷提案(訴求)」是什麼。「訴求」要是抓得不好,無論套用再厲害的文案格式,看起來都只是空泛的商業文字遊戲罷了。

步驟③提出具體的解決方案

「可是,訴求要怎麼發想?」、「聽起來好困難。」你也許會這麼想,別擔心,這套「讓人點進去的寫作技巧講座」,專門用簡單易懂的方式,教你在一般書籍和網路上學不到的「暢銷訴求構思術」,以及將之誘人地表現出來的「標題文案寫法」。我們可以透過三小時的教學影片學習基礎技術,遇到不懂的地方,還有經驗豐富的文案專家,笑咪咪地把你從不會教到會;更棒

的是，本課程可以免費、不限次數地幫你修改寫好的標題文案，全面性地
提供支援，直到你的網站變成厲害的營銷網站。目前已有超過五百人證實
結果，甚至有本來一整年毫無回應的網站，僅僅花了三個月，就開始每月
固定收到十份訂單。換作是有經驗的你，一定能得到更棒的效果。

※刊出顧客的使用心得。

步驟④暢談好處
學會暢銷訴求和標題文案的寫法，可以讓你⋯⋯
☑ 來自網站的訂單增加，不用擔心沒有客人。
☑ 發揮廣告的雙乘效果，讓你省下更多資金。
☑ 你也可以透過實體傳單或網路廣告增加客源。
☑ 部落格和電子報的讀者增加，有自己的粉絲。
☑ 對想增加曝光的公開演講課程也很有效。

步驟⑤收尾
「讓人點進去的寫作技巧講座」，一個月的課程費用是八百八十圓，比買
一本文案寫作書便宜，除了教學影片，還能不限次數地接受經驗豐富的文
案專家支援指導。你可以跟其他課程講座比較看看，就會發現本課程真的
划算到不行。坊間幾乎找不到從抓訴求開始、手把手教你的文案課了。即
日起有三天免費試用。目前只剩下五十八個名額，意者從速。

針對「好想買的客人」
目標客群類型①的內容文案範例

　　類型①的客人本來就有意購買，賣家不需說太多便能得到回饋。因此，與類型②③相比，內容文案的量也會少一點。

●省略步驟①②

　　瞄準類型①的客人時，可直接省略步驟①②。

　　步驟①是和消費者建立信賴關係。由於類型①的客人已經打算跟你買東西，所以不需要多此一舉對消費者動之以情。步驟②的部分則是讓消費者明白商品的必要性，但因類型①的客人已經非常了解這份商品的價值（必要性），本身也有意購買，我們就不需要再多此一舉，教導他們商品好在哪裡。

　　瞄準類型①的客人時，我們反而要注意，別讓多餘的描述壞了他們的興致。請直接說明與購買有關的必要資訊，並請他們下訂。

【針對類型①】
推薦初學者使用的內容文案五步驟
~~步驟①表達共鳴；~~
~~步驟②提出問題及解決條件；~~
步驟③提出具體的解決方案。
步驟④暢談好處。
步驟⑤收尾。

　　以下舉例說明。商品一樣是「讓人點進去的寫作技巧講座」，瞄準的是對課程具有高度興趣的類型①的客人。寫的時候，請想像你是在對辦講座的公司品牌粉絲販賣商品。

標題文案

熱烈好評「讓人點進去的寫作技巧講座」三日限定免費活動

引導文案

已經有超過五百人運用這套暢銷標題文案技術贏得成果，我們正在舉辦三日限定的免費活動，名額只剩五十八人，動作要快……

步驟③提出具體的解決方案

我們在四月推出了「讓人點進去的寫作技巧講座」，已經有許多人透過這套方法贏得成果。連本來一整年毫無回應的網站，僅僅花了三個月，就開始每月固定收到十份訂單。原因就在，本課程用簡單易懂的方式教你在一般書籍和網路上學不到的「暢銷訴求構思術」，以及將之誘人地表現出來的「標題文案寫法」。我們可透過三小時的教學影片學習基礎技術，遇到不懂的地方，還有經驗豐富的文案專家，笑咪咪地把你從不會教到會；更棒的是，本課程可以免費、不限次數地幫你修改寫好的標題文案，全面性地提供支援，直到你的網站變成厲害的營銷網站。

步驟④暢談好處

報名「讓人點進去的寫作技巧講座」，可以讓你……

☑ 來自網站的訂單增加，不用擔心沒有客人。

☑ 發揮廣告的雙乘效果，讓你省下更多資金。

☑ 你也可以透過實體傳單或網路廣告增加客源。

☑ 部落格和電子報的讀者增加，有自己的粉絲。

☑ 對想增加曝光的公開演講課程也很有效。

步驟⑤收尾

熱烈好評「讓人點進去的寫作技巧講座」，一個月的課程費用是八百八十圓，比買一本文案寫作書便宜，除了教學影片，還能不限次數地接受經驗豐富的文案專家支援指導。你可以跟其他課程講座比較看看，就會發現本課程真的划算到不行。坊間幾乎找不到從抓訴求開始、手把手教你的文案課了。即日起有三天免費試用。目前只剩下五十八個名額，意者從速。

真好睡……

迅速寫出內容文案的三個步驟

以下教你能迅速寫出內容文案的方法。內容文案因為資訊量較多，在熟悉之前，寫起來相當花時間。不過，只要按照以下三個步驟來寫，就能有效縮短時間，並且寫出品質優良的文案。

迅速寫出內容文案的三個步驟
步驟①不要在意細節，先寫再說；
步驟②寫完後放置一天再來細修；
步驟③最終檢查。

步驟①不要在意細節，先寫再說

之所以會發生「寫作沒進展」、「中間一直卡住」等問題，多半是因為一開始就太在意細節了。

剛動筆時，寫得亂七八糟也沒關係，想到什麼就寫吧。別管錯漏字和語句表現，總之，一鼓作氣地寫下來。**禁止使用「Delete」鍵和「Back Space」鍵。**

步驟②寫完後放置一天再來細修

一股腦地寫完後，先放置一天別動。稿子需要靜置一定的時間，寫稿人才能冷靜客觀地看出哪裡有問題。放置期間，一個字也別重看。

一天之後，我們再來重看寫好的文案初稿，仔細修稿，慢慢挑除錯漏字。**如果覺得哪一句似乎有點多餘，就大膽地刪掉它吧！**

　　寫完初稿之後的編修校正就是「細修」，是撰寫內容文案的重要工程。

步驟③最終檢查

　　完成細修後，請唸出聲音重讀寫好的文案，把唸起來不通順或是會卡住的地方劃線，再慢慢細修。

　　想要提升最終檢查的精確度，**請別人幫忙看稿是最有效的。**

最終檢查項目

- 有沒有按照五步驟走？
- 有沒有說服力？
- 好不好懂？
- 想不想讀下去？
- 有沒有錯漏字？
- 讀起來順不順？

如果還是卡稿了，請你跟我這樣做

此時推薦把「寫稿」改成「說話」。

具體來說，可以按照下面三個步驟走。

步驟①準備一張符合人物誌的照片

使用谷歌搜尋照片，找出一張符合人物誌描述的照片，把它列印出來，擺在眼前。

步驟②對著照片說話推銷

按照內容文案的五步驟，對著照片人物說話推銷。不用在意用詞的細節，總之先說下去，然後通通錄音。

步驟③打成文字再細修

把錄音檔謄寫成文章後，再仔細修改文章的順序、訂正錯漏字、確認細節，細修之後完稿。

呼唔呼唔⋯⋯
內容文案完成了。

天亮囉～

> **重點整理**
> Summary　　【第十三章】讓人專心閱讀的「內容文案」技巧

內容文案的基礎知識

● 內容文案即去除標題和引文之後的廣告內文。

● 內容文案若是寫不好，會給顧客「不買的理由」。

● 文章流程（按照什麼順序說）很重要。

● 下筆之前要先思考流程。

暢銷內容文案的五個法則

法則①不是「一對多」，請用「一對一」的態度面對消費者；

法則②重點不在「我怎樣」，而是「你如何」；

法則③想說的重點控制在一個；

法則④文章不是越長越好；

法則⑤不是「我告訴你」，而是「讓他察覺」。

構思內容文案的五個步驟

步驟①表達共鳴；

步驟②提出問題及解決條件；

步驟③提出具體的解決方案；

步驟④暢談好處；

步驟⑤收尾。

※瞄準目標客群②時，請聚焦「哪裡不同」。

※瞄準目標客群①時，可省略步驟①②。

迅速完稿的三個步驟

步驟①不要在意細節，先寫再說；

步驟②寫完後放置一天再來細修；

步驟③最終檢查。

※ 寫完後的編輯訂正（細修）為重點。

細修項目

有沒有按照五步驟走？

- 有沒有說服力？
- 好不好懂？
- 想不想讀下去？
- 有沒有錯漏字？
- 讀起來順不順？

卡稿時的三個步驟

步驟①準備一張符合人物誌的照片；

步驟②對著照片說話推銷；

步驟③打成文字再細修。

> 新手可先按照五步驟的文章流程來寫。等你越寫越上手，自然就會懂得拿捏說服人心必要的流程節奏，漸漸地，你就不再需要核對步驟，也能在短時間內寫出說服力十足的內容文案了。

第14章

強化販售力的內容文案「二十個表現技術」

⟩ 細修的技術

延續上一章的主題，本章進一步教你「增加說服力的技術」、「一看就懂的技術」與「讓人看下去的技術」。

我在第十三章提到流程的重要，初學者可先按照五步驟寫出內容文案的草稿，再慢慢細修、完稿。

本章的二十個表現技術，由以下三部分構成：

強化販售力的內容文案「二十個表現技術」

- 九個增加說服力的技術、
- 八個一看就懂的技術、
- 三個讓人看下去的技術。

好好運用這些細修的小技巧，就能讓你的文章更有品質。

⟩ 增加說服力的技術① 「客觀事實描述」

主觀的訊息只能算是撰稿人的個人意見。

但是，只要你的資訊有客觀事實當作依據，看在別人眼裡就是不容動搖的事實。因此，**想要提升說服力，一定要陳述客觀事實，而非主觀的意見。**

比方說，我們談論蛋白質對於健身的效果時，光是主觀和客觀描述，就會給人不一樣的感覺。

- 主觀 「想練出大肌肉，就要喝蛋白質。」
- 客觀 「健美先生都在喝蛋白質。」

　　即使我們都知道蛋白質的效果，但你認為，哪邊看起來比較具有說服力呢？

　　想必是後者吧。撰寫內容文案時，請避開個人意見，多使用能讓其他人產生共鳴的「客觀事實描述」。為此，你必須多做功課，仔細調查能替商品加分的客觀事實。

增加說服力的技術②
「具體描述」

　　我在標題文案的教學篇也說過，**具體描述能增加可信度**。同樣地，具體的文章表現也能增加說服力。比較看看下面的例子：

- **不具體的文案**
僅在菜單上標示「推薦」，該項商品就開始熱賣。

- **具體的文案**
僅在菜單上標示「推薦」，該項商品就多賣三倍。

　　說服力高的文章需要清晰具體。請看上面劃底線的部分，**能用數字表現的地方，就盡量用數字表現吧！**

增加說服力的技術③
「找出消費者心中的那把尺」

這是當你需要推銷新產品時的好用做法。有些觀念和技術太新穎，要介紹出去反而不是一件容易的事。

因為，**人在面對自己熟悉的事物時，比較容易感到放心。對於不曾聽聞的事物則容易起疑，覺得怕怕的。**

所以，當我們要傳達一個良好的新觀念時，需要「借用消費者相信的事物」來做說明。**請找出消費者的親身經歷或他們堅信的事物，由此做延伸。**

人會根據過去的經驗來判斷是非善惡。找出人們腦中「堅信的那把尺」，用這把尺來丈量產品的好。

●HMB膠囊的例子

我們以「把HMB膠囊推薦給重訓愛好者」的情況當作例子。

HMB（β-羥基β-丁酸甲酯）是一種營養補給品，不但能增加形成肌肉的蛋白質合成，還能防止因為運動造成的肌肉分解。儘管HMB膠囊現在已為人所知，但其實它在剛推出之際，曾是許多重訓者眼裡相當陌生的產品。

這種時候，我們該如何告訴大家，HMB膠囊真的很好用呢？請比較下面兩份文案。

> ● 不好的文案
>
> HMB 膠囊是一種輕鬆簡單就能大量攝取的營養補給品，
> 不但能增加形成肌肉的蛋白質合成，
> 還能防止因為運動造成的肌肉分解。

這份文案對沒聽過HMB的消費者來說，是無從判斷好與壞的。但是，我們可以借用重訓者都知道的「乳清蛋白」當作比例尺，把文案稍作修改。

> ● 好的文案
>
> HMB 膠囊是一種能增加形成肌肉的蛋白質合成，
> 還能防止因為運動造成肌肉分解的營養補給品。
> 只要五顆 HMB 膠囊，就能攝取相當於二十杯乳清蛋白的蛋白質。

如此一來，許多信奉乳清蛋白的重訓者就能了解HMB膠囊是多麼棒的產品。

像這樣，**當你在推銷劃時代的新產品時，請思考如何妥善借用消費者心中的那把尺。**

增加說服力的技術④
「拿出證據」

俗話說「事實勝於雄辯」、「百聞不如一見」，都在在說明了證據之於說服力的重要。一件證據，勝過千言萬語。

成果、實績、前後比較、社會證明、權威……證據準備越多越好，有就儘管拿出來用，保證有效。

增加說服力的技術⑤
「蘋果橘子比較法」

這是常見的行銷手法，通常用在收尾，以強調商品價值（價格）的正當性。這時候，**我們不把自己的商品和其他競品作比較，而是跟其他不同種類的東西作比較。**

蘋果橘子比較法能用各種方式來呈現。**當你在收尾強調價值（價格）公正合理時，可按照以下三個方向進行比較，藉以提高商品的價值。**

增加說服力的三個比較對象

①與其他種類的商品作比較；

②與好處的價值（獲利）作比較；

③與好處的價值（省錢）作比較。

●**對象①與其他種類的商品作比較**

最簡單的方法就是跟**其他種類的商品**作比較。例如，你在販賣單價稍高的美容器材時，可以跟醫美診所的「脈衝光」作比較，寫出下列文案：

> 文案例）
> 每個月去醫美診所做脈衝光，一年就要花將近二十萬圓。
> 但是，只要有了這個五萬圓的美容器材，就能在家反覆使用。
> 全家人一起使用也不會增加額外開銷！

●對象②與好處的價值（獲利）作比較

假設你在向診所兜售最新型的醫療儀器時，被院長質問：「它是不是比現在用的機器貴啊？」這種時候，你該怎麼辦？如果這套新儀器能加快檢查速度，文案可以這樣寫：

文案例）
這套醫療儀器並不便宜。
但是，它檢查的速度比以往的機器快了三倍，
可以同時負荷比現在更多的病患，
提高單日的診療收入。

這邊不是比較商品的實質價格，而是「經濟上的獲利」差異。

●對象③與好處的價值（省錢）作比較

除了獲利上的好處，我們也能從節省開銷方面作比較。

文案例）
這套醫療儀器並不便宜。
但是，它檢查的速度比以往的機器快了三倍，
可以節省檢查人手的人事開銷。

此外，販售房屋時，也可使用「每月存十三萬計畫」來吸引人，例如下列文案：

文案例）
您現在的房租，連停車場加起來，就要十五萬圓對吧？
事實上，你可以用每月便宜兩萬圓的房貸，就買到這麼大的房子。
等房貸支付完畢，每月還能存下十三萬圓。

這個例子同時運用了「省錢」與「獲利」上的好處，強調價格的合理性。

增加說服力的技術⑥ 「三個原因」

想必大家都看過「○○的三個原因」這類文案吧？

這不是隨便丟三個例子上去，而是刻意把數量控制在三。因為，「三個原因」可以增加說服力。

●「三」是一個魔術數字，能為人帶來安定感

就像相機擁有三支腳架，三是一個物理上能帶來安定的數字，而我們本能上就知道這件事。

同樣地，使用「三」的諺語也相當多，如「三分鼎力」、「三位

「一體」、「三個臭皮匠，勝過一個諸葛亮」等，隨便舉就有一大堆。

除此之外，我們也經常能從日常資訊中看到「三」，如「世界三大料理」、「日本三大慶典」、「三大欲求」等，這是一個容易滲透人心的數字。

所以，當你需要訴說原因時，就說三個吧！**有點牽強也沒關係，因為「三」較有說服力。**

重訓後必須補充蛋白質的原因

原因①攝取蛋白質對肌肉形成來說很重要；
原因②光靠平日飲食，蛋白質攝取量是不夠的。

原因①攝取蛋白質對肌肉形成來說很重要；
原因②光靠平日飲食，蛋白質攝取量是不夠的；
原因③幾乎所有健美先生都在喝蛋白質。

其實，我是想受女生歡迎才練肌肉的。

真可愛呢～

●將眾多原因統整為三個

當原因太多時，刻意濃縮成三個是很好的做法。**要知道，顧客很難專心讀廣告，細說原因當然好，但不是越多越好。**

寫完之後，別忘了動腦思考哪裡可以刪除統整喔。

必須戒菸的原因

原因①增加罹患肺癌的風險；
原因②增加罹患心臟疾病的風險；
原因③增加罹患腦血管疾病的風險；
原因④浪費錢；
原因⑤二手菸造成別人困擾。

原因①增加罹患肺癌及心血管等重大疾病的風險；
原因②浪費錢；
原因③二手菸造成別人困擾。

增加說服力的技術⑦
「三段論述」

請讀讀看這篇文章。

食物纖維能幫助通便。
牛蒡食物纖維含量豐富，
所以牛蒡能幫助通便。

這是使用三段論述寫成的文章，若是使用得當，就能增加說服力。三段論述的文章流程如下：

三段論述的流程
① A 是 B（整體）；
② C 是 A（一部分）；
③ 所以 C 是 B（結論）。

以「牛蒡通便」為例
① A（食物纖維）是 B（幫助通便）；
② C（牛蒡）是 A（食物纖維）含量豐富；
③ 所以 C（牛蒡）是 B（幫助通便）。

三段論述適合用在需要邏輯思考的時候。光是照抄格式，看起來並不好讀。

　　所以，<u>撰寫內容文案時，請將三段論述表達的邏輯修潤得更為</u><u>自然通順</u>。

　　以牛蒡為例，最後可用下面這句話來表現：

> 牛蒡富含能幫助通便的大量食物纖維。

我吃了食物纖維膠囊
和牛蒡，結果大了
很多出來……

用了蔡加尼克效應呢～

增加說服力的技術⑧
「一個字也不要浪費」

　　<u>如果一段話裡有重複的詞或類似的語句，請把其中一個改成</u><u>別的</u>。別小看這寥寥數字的差異，修改之後，不但能提升資訊的品質，還能增加說服力。雖然有點極端，但請看看下面的例子。

> ✕ 讓你人氣一飛沖天的人氣部落格寫法
> ○ 讓你人氣一飛沖天的部落格偷吃步小技巧

　　感覺如何呢？雖然只修改了幾個字，給人的價值感就完全不同了吧。

增加說服力的技術⑨
「故意說出缺點」

任何商品一定都有它的缺點，有時說出缺點反而能增加好感。這就是「把缺點化作優點」的例子。

比方說，請讀讀看下列文案：

例）螃蟹大降價
本店有賣北海道直送的螃蟹，售價不到一般市價的一半。
因為螃蟹腳有折損，賣相不好，一般通路和餐廳不收，所以用優惠價賣給你們，但味道和份量都和正規商品相同，請安心購買。

例）代製傳單
本公司的代製傳單服務並不便宜，製期有時長達一個月。因為，我們有責任替客戶做出比其他地方更好的成品。屆時若不符合客戶的美感標準，或是效果並不理想，我們保證全額退費。

這兩份文案都是刻意說出缺點，強調商品價值的例子。**如果說出缺點可以消除顧客疑慮的話，請老實地說出來。誠實能博得顧客的信賴，為你大大加分。**

一看就懂的技術①
「具體化＋淺顯化」

　　廣告多半是在無意識中讀進去的。不管是再厲害的天才學者，也不會為了讀廣告而特地專心用腦。也就是說，廣告應避開艱澀用詞，因為消費者只要看到某個地方有點難懂，當下就會放棄閱讀。

　　即使你的目標客群是高學歷的專家學者，也別忘了選擇簡單的用語。我至今接洽過不少牙醫、獸醫、專家的醫療技術行銷案，可在此直接告訴你，簡單好懂的文案，效果絕對比較好。

應避開的用字
- 必須查字典才能知道意思的成語、諺語、艱澀用字。
- 外語、方言。
- 目標客群沒聽過的專門術語。

　　當你遇到艱澀用語，不知該如何下手時，請把那個字的意思具體地寫出來，然後用連呆瓜（完全不懂該領域的超級外行人）都能看懂的方式說明，你會發現句子好懂到令人嚇一跳。例如「算定基礎屆」這個艱澀的專有名詞，它其實是日本企業每年要向年金機構申報用的文件，我們把這個字「具體化＋淺顯化」，就會變得相當好懂：

「算定基礎屆」

↓**具體化**

「當月支付社會保險金，與未來能收到多少年金用的計算文件」

↓**淺顯化**

「知道能領多少社會保險金，與未來能收到多少年金用的文件」

一看就懂的技術②
「使用客戶熟悉的語言」

儘管文案需要簡單易懂，但**使用目標客群熟悉的專業語言，同樣能使他們倍感親切**。例如下列文案：

目標客群：牙醫

「假牙 ⇒ 義齒」、「上排門牙 ⇒ 上顎正門齒」

目標客群：美編設計師

「圖過裁切線 ⇒ 出血」、「版面上下留白 ⇒ 天地留白」

目標客群：釣客

「沒吃餌 ⇒ 沒口」、「大豐收 ⇒ 爆護」

這在販賣專門用品時特別重要，畢竟不懂業界行話的商人，感覺就很外行，說的話不足以採信。你的客戶使用哪些專門術語呢？請仔細做好功課，問過專業人士的意見，確定OK之後，靈活運用在文案上吧。

呼搭啦……　　　　　熱炒店的文案嗎？

> 一看就懂的技術③
> # 「穿插短句」

快速看過去，你覺得哪邊的文案比較好讀呢？

> **A**
>
> 因為專業行銷文案寫手這一行還不是那麼熱門，
> 只要有本事，不愁沒工作接，還能接到高薪的案子。

> **B**
>
> 專業行銷寫手並非熱門行業。
> 只要有本事，不愁沒工作接，還能接到高薪的案子。

應該是B比較好讀吧？B的句子簡潔有力，把落落長的一段話拆解，讓人一看就懂。**像A那樣的長句，不僅造成閱讀上的困難，也不容易理解語意。**

進行最後細修時，如果覺得句子「太長不好讀」，請善用句點分割文章。

「只要有本事」嗎……　　　你可以的～

一看就懂的技術④
「資訊視覺化」

　　遇到難以用文字說明的內容，就使用圖表和插畫來表現吧。

　　以腳底的穴道來舉例，按壓不同的穴道對身體都有不同的療效，但是，用文字說明很困難對吧？

　　這時候，只要一張插圖，就能輕鬆搞定。

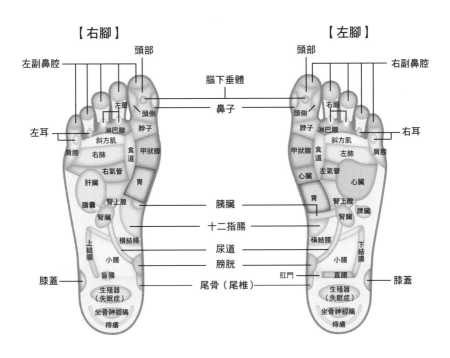

　　單靠文字說明不是聰明的做法，世界上有太多事情是難以用文字釐清的。

遇到難以說明的狀況時，請善用圖表和插圖，將資訊視覺化吧。

一看就懂的技術⑤
「方便人聯想」

描述購買的好處、特色、優點時，記得訴諸五感，使人聯想到美好的情境。這樣不但能使產品變得更有魅力，也容易被人記住。

沒有訴諸五感的文案
夏天戴安全帽又悶又熱。
不過，只要有這頂涼風安全帽，
安全帽裡就能維持清涼舒適。

訴諸五感的文案
夏天的安全帽
簡直就是在洗蒸氣浴。
不過，只要有這頂涼風安全帽，
安全帽裡就能冰冰涼涼的，好舒服。

大家好，
我是涼風安全帽的愛用者，
松本留五郎。

- ● **姓名**：松本留五郎（綽號：留叔，四十六歲男性，大阪府浪速區）
- ● **家庭成員**：無依無靠（兒時和父親同住，很早就面臨死別）
- ● **職業**：廢棄物回收業（一人公司）
- ● **個性**：愛生氣但為人爽朗，能發自內心替別人高興。
- ● **關注話題**：如何抗衰老（這樣從外表就看不出年齡了）。
- ● **煩惱**：安全帽裡的汗水和細菌傷害毛囊。
- ● **其他**：不熟悉網路。連全形和半形的差異都搞不清楚。

一看就懂的技術⑥
「使用條列式」

需要列出多項特色、優點、好處或原因時，比起寫一整篇文章，使用條列式會比較簡潔明快。

用整段話描述三個原因

必須戒菸的原因有三個，一是會增加罹患肺癌及心血管等重大疾病的風險；二是因為浪費錢；三是二手菸會造成別人困擾。

用條列式表現

對你來說，必須戒菸的原因有哪些呢？
原因①增加罹患肺癌及心血管等重大疾病的風險；
原因②浪費錢；
原因③二手菸造成別人困擾。

另外，**使用條列式時，請留意第一句話不要看起來一模一樣，那會給人資訊貧乏的印象。**有點牽強也沒關係，記得把第一句話修改一下，提升視覺上的價值感。

第一句話都相同

- 暢銷文案是什麼？
- 暢銷標題文案的寫法。
- 暢銷文案的五個範例。

第一句話都不同

- 暢銷文案是什麼？
- 絕不失敗的標題文案寫法。
- 讓你賣到翻的五個文案範例。

一看就懂的技術⑦
「注意折扣的寫法」

市面上經常能看見只標示「○圓折扣」、「打六折」的廣告，真的相當可惜。**打折了就不要浪費，請把到底省了多少錢寫出來吧。**

請記住，大部分的顧客並不會記得原本的售價。**越是大眾對定價沒概念的商品，越要把省了多少錢清楚地寫出來，這會直接影響到購買意願。**

簡單好懂的「折扣標示」範例

- 3,000圓折扣 ⇒ 3,000圓折扣（定價7,980圓變成4,980圓）
- 打六折 ⇒ 打六折（3,000圓變成1,800圓）
- 買二送一 ⇒ 買二送一（現賺1,200圓）

一看就懂的技術⑧
「使用流程圖」

遇到複雜、不好說明的狀況時，可善用流程圖幫助人理解。用文字說明之後，再秀出流程圖，顧客就能一看就懂。

下面介紹我最常用的三種流程圖，以及它們的特色及作用。

流程圖的格式非常多樣，**請配合你的需求，靈活使用它們吧。**

直線流程圖（把事件按照順序圖像化）

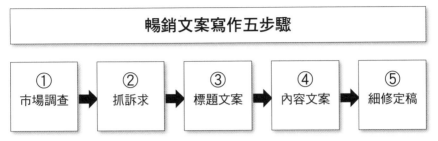

循環流程圖（把反覆發生的事件圖像化）

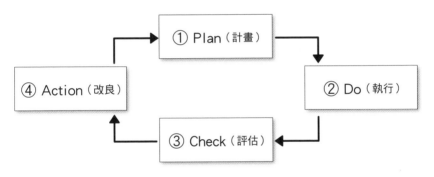

流動流程圖（把事件成立的原因圖像化）

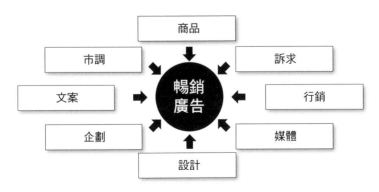

讓人看下去的技術①
「增加節奏感」

　　行銷文案要讓人咻咻咻地讀下去，節奏感很重要。在此介紹兩個增加文章節奏感的方法。一是在「一看就懂的技術③」教過的「穿插短句」。二是**不要在每個短句套用一模一樣的句型**。請讀讀看下列文案。

句型相同的文章例子①

寫文案的時候，最重要的就是標題文案。因為客人會在看見標題之後，才決定要不要讀廣告。因為想要提升銷量，就需要能在瞬間吸引顧客注意的吸睛文案。

　　這篇文案雖然句子都不長，但是連續兩個句子都用「因為」開頭，讀起來過於呆板粗糙，打斷了閱讀節奏。因此，寫文案的時候，請避開連續使用相同的句型。如果文章很長，難以迴避，也盡量控制在兩、三個左右。

增加節奏感的文章例子①

寫文案的時候，最重要的就是標題文案。因為客人會在看見標題之後，才決定要不要讀廣告。想要提升銷量，就需要能在瞬間吸引顧客注意的吸睛文案。

> 句型相同的文章例子②
>
> 剛創業時，我曾經每天過著地獄般的生活。我曾經每天拚了命地找工作。拿到的工作都是一件報價不到五千圓的小案子。我曾經對未來感到徬徨不安。

> 增加節奏感的文章例子②
>
> 剛創業時，我每天過著地獄般的生活，拚了命地找工作。拿到的工作都是一件報價不到五千圓的小案子。我曾經對未來感到徬徨不安。

讓人看下去的技術②
「善用小標題」

小標題是夾在內容文案段落之間的標題，其作用有兩個：

作用①減輕文章壓迫感

行銷文案難免文字爆量，加入小標題可在文字之間騰出適度的空間，有效減輕視覺上的壓力，給人輕鬆就能看完的印象。

作用②抓住快速瀏覽者的注意力

許多人面對廣告文案都是先「快速瀏覽過去」。如果中間的小標題下得好，顧客不用細讀內容，就能感覺到「這個情報很有用」，對廣告本身產生興趣，進而自行點閱。切勿把小標題當成單

純的內容標題，**請好好構思能發揮蔡加尼克效應的句子。**小標題就像是第二個標題文案，兩邊都很重要。

　　把之前用過的「讓人點進去的寫作技巧講座」內容文案加入小標題，就會變成以下這樣：

為何努力總是看不見收穫？

努力做了網站卻毫無回應。我明明請人下了關鍵字廣告，也參考了競爭對手的網頁設計，為什麼反應這麼差？……你也有過上述經驗嗎？這種情況真讓人一頭霧水。我明明提供了顧客喜歡的服務，提到產品，也比別人更有自信，為何就是沒人詢問下訂呢？

原因出在短短兩～三行字

事實上，百分之九十的顧客光看網站的頭兩～三行字就離開了。這表示，無論你的網站做得再好，多數客人可能都只是匆匆一瞥。要不要繼續逛這個網站，取決於顧客第一眼看見的數行文字（標題文案），換算成時間，短短數秒便決定生死。如果顧客無法讀下去，當然就無法得知你的產品有多好。不過，只要寫出能一秒吸住顧客目光的標題文案，你的網站就有機會被人看見。他們會了解你的產品服務有多細心，網站的訂單詢問也會增加。

五百人成功的祕訣

「可是，標題文案怎麼寫？」、「我不擅長寫作文。」、「聽起來好困難。」你可能會這麼想。請放心，「讓人點進去的寫作技巧講座」至今已幫助超過五百人獲得良好成績，連本來一整年都無人聞問的網站，經過三個月的調整，現在每天都能收到兩～三封詢問訂單。說到暢銷標題文案的寫法……（下略）

讓人看下去的技術③
「提問」

看得出①和②差在哪裡嗎？

①文案很重要。

②為何文案如此重要？

①只是一個普通的敘述句，②則會讓人在意後續，差只差在「提問」。

附帶一提，本節的開頭——「看得出①和②差在哪裡嗎？」也應用了相同的技術。**提問能有效引起消費者的興趣，讓他們好奇地讀下去**。但是，提問若是穿插得太過牽強，也會影響文章的閱讀流暢度，加時請以不破壞文章整體平衡為原則。

人為何要喝酒呢？　　對酒鬼有用喔～

重點整理
Summary　【第十四章】強化販售力的內容文案「二十個表現技術」

本章傳授的二十個表現技術，不能一邊寫文案一邊撿來用。請用上一章教的五步驟，扎扎實實地寫完內容文案、進入到「細修」的階段之後再來使用。
按照下列清單進行內文細修，就能事半功倍。

九個增加說服力的技術

- 有沒有描述客觀事實呢？
- 有沒有具體描述呢？
- 有沒有找到消費者心中的那把尺呢？
- 有沒有拿出證據呢？
- 有沒有提高商品的比較價值呢？
- 原因是三個嗎？
- 論述的邏輯合理嗎？（三段論述）
- 有沒有重複的字詞呢？
- 有沒有活用缺點呢？

八個一看就懂的技術

- 有沒有艱澀用詞呢？
- 有沒有使用客戶熟悉的語言呢？
- 有沒有穿插短句呢？
- 有沒有地方可以做資訊視覺化呢？
- 有沒有方便人聯想到情境呢？
- 有沒有地方可以使用條列式呢？
- 有沒有清楚傳達折扣的價值呢？
- 有沒有地方可以使用流程圖呢？

三個讓人看下去的技術

- 有沒有節奏感呢？
- 有沒有放吸睛小標題呢？
- 有沒有善用提問呢？

第 **15** 章

連不想買的客人
也想買的「故事行銷」

什麼是故事行銷？

來到內容文案的最後部分，要教大家「故事行銷」。這是相當有效的行銷方式。

> 尤其在面對購買意願低落的類型③的客人時，
> 故事行銷特別管用。

我在第十一章「用標題文案攻陷『不想買的客人』十個表現手法」，介紹過「說故事」的標題文案寫法。

本章談到的故事行銷，涵蓋範圍不只有標題，還有內容上的編排。我們可以藉由說故事來介紹產品，從文案起頭到文案中段，都用故事搞定它。

效果好的三個原因

為何故事行銷這麼好用？我在標題文案的章節也提過，原因大致可分成三個。

●原因①容易讀進去

我們從小就習慣透過故事感受喜怒哀樂。故事教會了我們許多事，成人以後，我們依然願意花錢購買漫畫、小說、去看電影，這全是為了享受故事帶來的樂趣。由此可見，**人有嚮往故事的天性，這個天性正好可以用來突破「不讀廣告」這道關卡。**

●原因②能代入感情

人是會依據感情行動的生物。

行動經濟學和社會心理學已經用實驗證明了感情對於人的影響力。感情會影響人的決策，使人用一套自己的理論，將認同的事情正當化。因此，**行銷文案要動之以情。**

這本來是相當困難的任務，但是，故事擁有滲透人心的力量，能驅動消費者的喜怒哀樂。

●原因③容易記住

你還記得「羞恥」的英文單字是什麼嗎？還記得圓錐體積的計算公式長怎樣嗎？想得起越南的首都是哪裡嗎？這些全是我們在十幾歲時學到的知識，但也隨著年齡增長而逐漸遺忘。

可是，若是換成幼兒期聽過的《桃太郎》，馬上就能想起故事內容，很奇妙吧？明明相比之下是《桃太郎》的資訊量比較龐大，但你不翻開書本，也能說出故事大綱。

這是因為，故事容易被記住。這也是世人從古至今，總把重要的道理透過故事傳承的緣故。

聽了故事就好想買的「三個條件」

故事行銷非常管用，但也不是隨便說個故事就行。

別忘了，行銷文案的目的是讓人買東西。換句話說，**你要寫出「讓人好想買」的故事才行。**

245

　　為了達到銷售目的，故事必須滿足以下三個條件。

●條件①主角能讓目標客群產生共鳴

　　「和我好像」、「比我還衰」、「我也想跟他一樣！」你的故事主角必須讓消費者產生類似感情，否則這個故事是讀不完的。

　　如果主角難以令人產生共鳴，讀的人就無法代入感情。使用故事行銷，請設定容易讓顧客產生共鳴的主角。

●條件②掌握V字型的故事流程

　　接著，寫個主人翁跨越難關、邁向成功的V字型故事吧。如同我在第十一章說過的，V字型故事能使人沉浸其中並代入感情。

　　回想一下你喜歡的漫畫、連續劇或電影，你會發現很多作品都是用V字型故事構成的。

V字型故事能使人沉浸其中

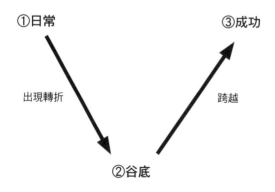

①日常　　　　　　　　③成功

出現轉折　　　　　跨越

②谷底

●條件③取得故事和行銷的完美平衡

行銷文案不能只是說故事，還要達到銷售的目的。**若是從故事切換至行銷的過程出了差錯，會讓消費者從夢中驚醒，憤而關掉廣告。**

因此，我們必須小心地取得故事和行銷之間的完美平衡。

暢銷故事流程

我們該如何說一個吸引消費者的故事，又能完美地置入行銷呢？如同第十三章提到的五步驟，故事行銷也有固定的編寫流程（構成）。

故事行銷流程

①標題文案（第十一章）

②引導文案（第十二章）

③從日常墜落谷底 ⎫

④谷底的經歷

⑤邁向成功

⑥公開成功的祕訣　　本章

⑦好處

⑧收尾 ⎭

---

①標題文案及②引導文案，已經分別在第十一章、第十二章介紹過了，照著做就沒問題，在此略過。

以下為你詳細解說③～⑧的內容。

Part③
從日常墜落谷底

①標題文案（第十一章）
②引導文案（第十二章）
③從日常墜落谷底
④谷底的經歷
⑤邁向成功
⑥公開成功的祕訣
⑦好處
⑧收尾

從V字型圖來看，即從①下滑至②的內容。

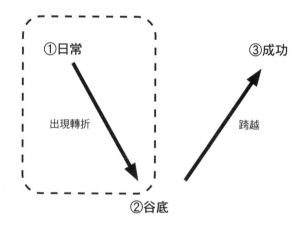

描述事件的順序如下：

「谷底的經歷」三步驟
步驟①日常；
步驟②墜落谷底的始末；
步驟③谷底翻身。

我把過去寫的文案拿來加工一下，當作範例幫助各位理解。這是補習班經營顧問專用的故事行銷文案。

步驟①日常

這是一九九五年的事情了。當時，○○剛從大型保險公司離職，脫離上班族生活，自行創業，加盟開了一間連鎖補習班。他期待著即將展開的新生活，怎知……

步驟②墜落谷底的始末

「我要大顯身手啦！」就在他充滿幹勁之時，不幸發生了阪神‧淡路大地震，從父母手中繼承的房子幾乎被震毀，他在一夜之間背起了龐大的債務。

步驟③谷底翻身

「早知如此，當初就不該離職……」○○懊悔不已，但補習班已經開幕，也有幾位學生報名參加，只能硬著頭皮上了。

在這個階段，記得要先鋪陳日常，這樣才能跟步驟②的墜落谷底形成強烈對比，使人容易代入感情。

墜落谷底的始末可說明得詳細一點，讀者容易被栩栩如生的故事感染情緒。

Part④
谷底的經歷

①標題文案（第十一章）
②引導文案（第十二章）
③從日常墜落谷底
④ 谷底的經歷
⑤邁向成功
⑥公開成功的祕訣
⑦好處
⑧收尾

從V字型圖來看，這部分會詳細說明②發生的事。

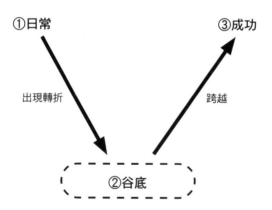

盡可能詳細說明在谷底歷經的苦難與不幸，**徹底擊沉故事主角。**
在谷底遇到的磨難描述得越詳細，越能引發讀者共鳴，使人往下看。

此外，谷底的慘狀也能把後面的成功襯托得更加耀眼。我們來
看範例吧。

● 谷底的經歷

「如果人生可以跟遊戲一樣重新開始,該有多好。」這股念頭在○○的腦海裡揮之不去,總覺得街頭上每一個擦身而過的路人,看起來都比自己耀眼。

償還債務的日子持續著……

連孩子生日都沒錢買禮物送他……

更慘的是,光靠一個班級的授課薪資實在太少,來不及償還債務,於是,○○聽從總部的建議,又增開了一個班級。

他印了十萬張傳單想強力招生,最後竟無人報名參加,只有債務越滾越大。

「我不行了……」○○感到心力交瘁。

這時候,誰能想像他未來會成功呢?

我那天喝得醉醺醺,
從 KTV 的樓梯摔下去,
半隻耳朵撕裂傷……

聽起來好真實～

> Part⑤
> # 邁向成功

①標題文案（第十一章）
②引導文案（第十二章）
③從日常墜落谷底
④谷底的經歷
⑤邁向成功
⑥公開成功的祕訣
⑦好處
⑧收尾

從V字型圖來看，就是③的部分。

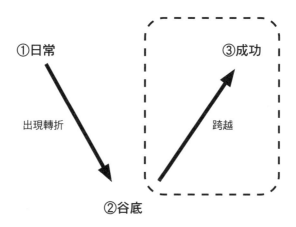

①日常 ③成功

出現轉折 跨越

②谷底

　　本階段的主題為「戲劇性地邁向成功」。**請在描述成功的過程中，帶出誘人的豐碩成果**，並且具體說明成功帶來的好處。

　　最後一句話請用疑問語氣：「他是怎麼成功的？」作結。我們來看以下範例。

● 邁向成功

你說，他現在仍為欠債煩惱嗎？

不，錢已經還清了。不僅如此，他的年薪還是當上班族時的三倍。補習班的經營盛況空前，已經連續十年班班爆滿了。

而且，他還圓了長年的夢想，出版了教育相關的書籍，一樣賣得很好。現在，他已經出了超過十本著作，光靠領版稅就不愁吃穿。

他究竟是如何從谷底翻身，實現多年來的夢想呢？

　　谷底翻身的前後落差，能大大吸引消費者的注意。站在故事行銷的立場，成功的關鍵即「接下來要販賣的商品」，因此，**谷底翻身的例子，就是在為商品拉抬價值**。在這個階段，我們要傳達成功的魅力，請具體描述甜美的成果及好處。

　　V字型故事在③～⑤的部分完結。

V 字型故事用③～⑤進行收尾

①標題文案

②引導文案

③從日常墜落谷底

④谷底的經歷

⑤邁向成功

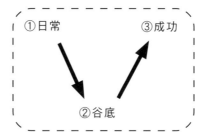

●即使來到⑤也不要提起商品

請注意，切莫心急，**在⑤結束之前，都不要在文案裡提到商品**。①～⑤的目的是透過V字型的故事，使消費者代入感情，並對商品產生高度興趣。谷底翻身的成功關鍵在於⑥，請從⑥之後才開始介紹商品。

從⑤到⑥要如何銜接，才不顯得突兀呢？

①標題文案
②引導文案
③從日常墜落谷底
④谷底的經歷
⑤邁向成功　　　　　　　在⑤的最後，用疑問句：
⑥公開成功的祕訣　　　　「他是怎麼成功的？」作結。
⑦好處
⑧收尾

請從⑥開始介紹商品

①標題文案
②引導文案
③從日常墜落谷底
④谷底的經歷
⑤邁向成功
⑥公開成功的祕訣　　　　作為谷底翻身的關鍵，
⑦好處　　　　　　　　　從⑥之後才開始介紹商品。
⑧收尾

Part⑥
公開成功的祕訣

①標題文案（第十一章）
②引導文案（第十二章）
③從日常墜落谷底
④谷底的經歷
⑤邁向成功
<u>⑥公開成功的祕訣</u>
⑦好處
⑧收尾

來到本階段，**作為主角的致勝原因，我們才要開始介紹商品。**
可參考以下流程編寫文章：

「公開成功的祕訣」三步驟

①主角的成功，是因為使用了本商品；
②商品奏效的原因；
③提出本商品比其他競品或方法更好的證據和原因。

他能夠重振士氣，
是因為喝了
解宿醉的蜆味噌湯……

接起來了、接起來了。

我們來看看範例。

①主角的成功，是因為使用了本商品

他成功的原因，是在補習班的經營面上導入了市場定位策略。簡單來說，他透過強化特定科目，成功與其他補習班做出區別，從此打響名號。

現在，他開的補習班已是當地無人不知、無人不曉的「數學專班」。

②商品奏效的原因

補習班是競爭激烈的商業項目，因此，差異化也更顯重要。少了差異化，小小的補習班是無法戰勝資本實績雄厚的大型補習班的。打造其他人模仿不來的品牌特色，成為該領域的佼佼者，就是成功的不二法門。

「提到○○，還是那家補習班最棒了！」即使補習班沒有特別進行宣傳，光靠附近居民的口耳相傳，生意就能絡繹不絕。

③提出本商品比其他競品或方法更好的證據和原因

「太難了吧。」你可能會心生懷疑，請放心，補習班的經營課多不勝數，而○○的成功策略，是人力資金皆有限的小補習班才適用的方法。

事實上，○○現在還身兼補習班的經營顧問，已成功藉由口耳相傳的方式，幫助三百間補習班招生成功。

（刊出顧客感想文）

Part⑦⑧
好處和收尾

　　文案尾聲的好處提示及收尾，與第十三章教你的五步驟相同，請多多暢談好處，並且別忘了提醒消費者「現在立刻報名」。我們來看以下範例。

● **好處**

其他補習班模仿不來的差異化一旦成功……

☑ 不用再為招生煩惱。

☑ 靠著口耳相傳增加客源，不需要大量印製廣告傳單。

☑ 能吸引到理想的學生。

☑ 不用擔心學生被其他補習班搶走。

☑ 在家庭學習 APP 盛行的年代，學生仍絡繹不絕。

☑ 成為專業領域的佼佼者之後，演講和出版邀約也會增加。

☑ 能聘到第一志願就是「來這裡工作」的優秀講師。

● **收尾**

○○的顧問課，現正舉辦頭香三十名限定的免費課程活動。○○的顧問費平時一小時要價五萬圓，千萬不要錯過這個免費參加的大好機會。

諮詢方式提供「面對面」及「線上」兩種方式，只想上免費課程也沒關係，本活動沒有強制報名參加的義務。

目前已有八人預約，名額有限，要搶要快。

故事行銷①～⑧完整範例

　　把本章介紹的範例統整起來，並且加入第十四章教過的小標題技巧，就是一篇完整、舒適的廣告文了。實際使用時，可依照排版需求，進行斷行調整。請配合狀況需求自由調整。

「不該是這樣的……」

這是一九九五年的事情了。當時，○○剛從大型保險公司離職，脫離上班族生活，自行創業，加盟開了一間連鎖補習班。他期待著即將展開的新生活，怎知……「我要大顯身手啦！」就在他充滿幹勁之時，不幸發生了阪神‧淡路大地震，從父母手中繼承的房子幾乎被震毀，他在一夜之間背起了龐大的債務。「早知如此，當初就不該離職……」○○懊悔不已，但補習班已經開幕，也有幾位學生報名參加，只能硬著頭皮上了。

滾雪球般的欠債地獄

「如果人生可以跟遊戲一樣重新開始，該有多好。」這股念頭在○○的腦海裡揮之不去，總覺得街頭上每一個擦身而過的路人，看起來都比自己耀眼。償還債務的日子持續著……連孩子生日都沒錢買禮物送他……更慘的是，光靠一個班級的授課薪資實在太少，來不及償還債務，於是，○○聽從總部的建議，又增開了一個班級。他印了十萬張傳單想強力招生，最後竟無人報名參加，只有債務越滾越大。「我不行了……」○○感到心力交瘁。這時候，誰能想像他未來會成功呢？

年收三倍，還出了書

你說，他現在仍為欠債煩惱嗎？不，錢已經還清了。不僅如此，他的年薪還是當上班族時的三倍。補習班的經營盛況空前，已經連續十年班班爆滿了。而且，他還圓了長年的夢想，出版了教育相關的書籍，一樣賣得很好。現在，他已經出了超過十本著作，光靠領版稅就不愁吃穿。他究竟是如何從谷底翻身，實現多年來的夢想呢？

成為當地知名補習班的方法

他成功的原因，是在補習班的經營面上導入了市場定位策略。簡單來說，他透過強化特定科目，成功與其他補習班做出區別，從此打響名號。現在，他開的補習班已是當地無人不知、無人不曉的「數學專班」。

為何光靠口耳相傳，學生就絡繹不絕？

補習班是競爭激烈的商業項目，因此，差異化也更顯重要。少了差異化，小小的補習班是無法戰勝資本實績雄厚的大型補習班的。打造其他人模仿不來的品牌特色，成為該領域的佼佼者，就是成功的不二法門。「提到○○，還是那家補習班最棒了！」即使補習班沒有特別進行宣傳，光靠附近居民的口耳相傳，生意就能絡繹不絕。

三百間小補習班見證有效

「太難了吧。」你可能會心生懷疑，請放心，補習班的經營課多不勝數，而○○的成功策略，是人力資金皆有限的小補習班才適用的方法。事實上，○○現在還身兼補習班的經營顧問，已成功藉由口耳相傳的方式，幫助三百間補習班招生成功。

※刊出顧客感想文

你，羨慕他嗎？

其他補習班模仿不來的差異化一旦成功……

☑ 不用再為招生煩惱。

☑ 靠著口耳相傳增加客源，不需要大量印製廣告傳單。

☑ 能吸引到理想的學生。

☑ 不用擔心學生被其他補習班搶走。

☑ 在家庭學習 APP 盛行的年代，學生仍絡繹不絕。

☑ 成為專業領域的佼佼者之後，演講和出版邀約也會增加。

☑ 能聘到第一志願就是「來這裡工作」的優秀講師。

前三十位報名者可以免費上課

○○的顧問課，現正舉辦頭香三十名限定的免費課程活動。○○的顧問費平時一小時要價五萬圓，千萬不要錯過這個免費參加的大好機會。諮詢方式提供「面對面」及「線上」兩種方式，只想上免費課程也沒關係，本活動沒有強制報名參加的義務。目前已有八人預約，名額有限，要搶要快。

「商品開發祕辛」也是一種故事行銷

購物廣告上時常能看到商品開發的心路歷程，這也是一種故事行銷，藉由說故事來提升商品的價值。

我們可以在內容文案五步驟流程中的步驟③，提到商品開發祕辛。

在步驟③提到商品開發祕辛

步驟①表達共鳴

步驟②提出問題及解決條件

步驟③提出具體的解決方案　⇒　**商品開發祕辛**

步驟④暢談好處

步驟⑤收尾

商品開發祕辛可用以下三步驟來發想。

「商品開發祕辛」三步驟

步驟①開發的契機（有哪些使命感？）

步驟②多災多難的開發過程（克服了哪些困難才開發成功？）

步驟③成功（克服萬難完成了這個商品）

我把過去寫的文案加工一下，當作範例。這是身體乳液的商品開發祕辛。

步驟①開發的契機（有哪些使命感？）

「想幫助大家變得更美更漂亮！」我們以這個理念出發，並且研究了好萊塢女星與名媛千金都愛用 從澳洲國寶鳥鴯鶓（Emu）身上萃取的「鴯鶓油」。實際試用之後，的確是相當適合女性肌膚的高級保養品。但是，這種油有個免不了的問題：使用之後會有一股「動物的臭味」，聞起來很像養在戶外的狗狗身上的味道，要抹在臉上實在需要一點勇氣呢……如此一來，無法做到令顧客百分百滿意。

步驟②多災多難的開發過程（克服了哪些困難才開發成功？）

如何消除「動物的臭味」，使它變成芳香怡人的保養品呢？

如何顧及香味，又能兼顧身體肌膚的深層保養呢？

如何壓低價位，又能實現更高的品質呢？

研發小組齊心合力地動了起來，日夜研究如何解決這些問題。收到樣本以後，每天都在試用並且進行改良。然而，過程不如想像中順利，好幾次都留下悔恨的淚水。

步驟③成功（克服萬難完成了這個商品）

「你們敢再浪費資金，產品就中止開發！」老闆下達了最後通牒。然後，我們迎接了第七十八號試作樣本，這恐怕是最後的機會了。但是，看到測試員的反應，我們有了確信。帶著清爽柑橘香的○○鴯鶓油，終於讓我們開發成功了。

W字型的故事行銷

之前介紹給各位的，都是V字型的故事行銷，我再另外介紹一種W字型的故事行銷。

④比②慘痛是W字型的重點

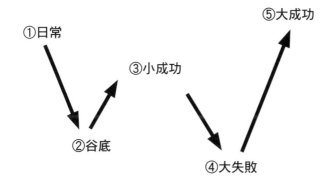

③的「小成功」與④的「大失敗」是新增流程。在W字型的故事裡，最重要的是④。請具體描述比②「谷底」更加悽慘絕望的情境。

V字型和W字型沒有優劣之分，無論使用哪一種，提升的銷量總額都是差不多的，請配合實際故事應用自如。

既然銷量差不多，
我用 V 字型就好。

説出真心話囉～

故事行銷最重要的規矩

本章介紹了故事行銷的方法，但有一點請務必遵守。

那就是**「不寫假故事」**。由於故事行銷是強而有力的行銷手法，有些人甚至會不惜造假，這嚴重觸犯了規矩。造假是萬萬使不得的！

所謂的故事行銷，是以事實為根據，用有魅力的文字進行表達，並結合到行銷面上。假如你的手頭上沒有V字型的故事可用，請放棄故事行銷，採用一般的方式撰寫文案。

> 不過，只要你有 V 字型的故事可用，
> 故事行銷絕對是強而有力且必用的手法。

成功克服宿醉的他，
現在正以文案寫手為目標。　　　搞半天原來是在寫自傳？

> **重點整理**
> Summary

【第十五章】連不想買的客人也想買的「故事行銷」

什麼是故事行銷？

● 手法和標題文案時相同，不過是將故事應用在內文上。

● 故事行銷是強而有力的行銷方式。

● 對購買意願低落的目標客群類型③特別有效。

有效的三個原因

①容易讀進去；

②能代入感情；

③容易記住。

聽了故事就好想買的「三個條件」

①主角能讓目標客群產生共鳴；

②掌握 V 字型的故事流程；

③取得故事和行銷的完美平衡。

V 字型的故事行銷

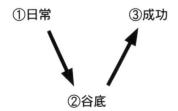

①日常　　　③成功

②谷底

暢銷故事流程

①標題文案
②引導文案
③從日常墜落谷底
④谷底的經歷
⑤邁向成功
⑥公開成功的祕訣
⑦好處
⑧收尾

W 字型的故事行銷

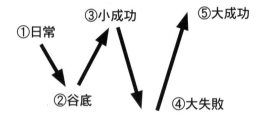

商品開發祕辛流程

步驟①開發的契機（有哪些使命感？）
步驟②多災多難的開發過程（克服了哪些困難才開發成功？）
步驟③成功（克服萬難完成了這個商品）

嚴禁故事造假

- 故事行銷是以事實為根據，有魅力地說出來。
- 沒有 V 字型故事就不要亂用，有就盡量拿出來用。

第16章

一句話就能衝起銷量！
「暢銷企劃」如何寫

一間小小的披薩店，
如何成為全球巨型企業？

從前，美國有一間小小的連鎖披薩店。那是一家隨處可見、平凡無奇的連鎖披薩店。誰又會料到，那間小小的披薩店，竟在眨眼之間拓展成全球有一萬五千間分店的巨型企業呢？這個企業就是大家所熟知的「達美樂披薩」。

創始人湯姆‧莫納漢（Tom Monaghan）談起達美樂披薩的成長，提到一個不可欠缺的活動企劃，那就是「如果沒在三十分鐘以內送達熱呼呼的披薩，披薩就免費招待」。

當時，沒有任何一家外送披薩店敢做這個企劃，達美樂披薩因而受到全世界關注。儘管企劃最後因為糾紛吃上官司而取消，現今仍留在許多人的記憶裡。

> 厲害的活動企劃不只能衝出銷量，
> 還能使企業本身急遽成長。

以日本企業為例，減肥健身權威「RIZAP」推出的「無效全額退費」令人記憶猶新。至今為止，「活動企劃」一詞已反覆出現在本書裡，本章就來詳細告訴你，暢銷企劃怎麼寫。

一次搞懂活動企劃

活動企劃是指「廠商承諾客人的誘人交換條件」，其中包括了金額、贈品、保固、售後服務等多種形式。

活動企劃例

- 自取兩塊披薩免費招待。
- 買CD送偶像見面會的握手券。
- 買電腦送市價九千八百圓的印表機當作贈品。
- 不限居住地區二十四小時內到貨服務。
- 不滿意不限理由全額退費。
- 三十日內免費試用。
- 襪子買二送一。
- 遊樂園的通行季票。
- 月付八百圓人氣電影看到飽。

　　許多人會把「活動企劃」跟標題文案及提案弄混，在此為各位整理一下。

訴求、標題文案、活動企劃的差異

● **什麼叫訴求？**

即暢銷提案。所有的文案，包括標題文案及內容文案，都是為了傳達訴求的魅力而設計的。請思考：「我要對誰說什麼？」

● **什麼叫標題文案？**

把訴求的魅力表現出來的簡短語句。目的是一秒吸引消費者的注意，讓他們好奇地讀下去。

● **什麼叫活動企劃？**

誘人的交易條件。面對類型①和②的客人時，我們也會把活動企劃直接列在訴求和標題文案裡。

　　活動企劃是非常重要的環節。改變企劃內容便使廣告成效飛躍性成長的例子時有耳聞，**特別是針對類型①和②的客人發想訴求時，我們一定要把活動企劃考量進去。**

靠活動企劃翻身大賣的七個實例

　　活動企劃並非資金雄厚的大企業才有的專利。以下是我們家經手，藉由活動企劃使商品翻身大賣的真實例子，它們全是中小企業。

實例①

在反應不佳的研討會活動廣告加上「可臨時取消」之後，立刻報名額滿。

實例②

幾乎賣不動的推拿院專用治療儀器（一台七十萬圓），販賣時加上「一週免費試用」之後，開始有人參加試用。

實例③

主打「免費體驗上課」的補習班廣告單本來乏人問津，改成「體驗費五百圓」之後，開始有人報名參加。

實例④

「高爾夫球桿」的網購廣告，碰上常常需要配合顧客調桿這道關卡，導致行銷不易。搭配「由專業維修師免費調桿」及「九十天內

可免費重複調桿」的活動企劃之後，八萬圓的商品便在數日內銷售一空。

實例⑤

保證六十天內無效退費的課程DVD，加上「退費時不收七百三十五圓手續費」，簽約率提升至兩倍。

實例⑥

為了蒐集潛在客戶資料所架設的登陸頁面，將「免費Email課程」改成「免費影片課程」之後，登錄率大幅增加。

實例⑦

網購水餃廣告，對買家送出「〇月〇日之內追加訂單，可享一年免運」的優惠活動之後，回購率馬上增加。

中小企業也能靠著活動企劃使商品翻身大賣（左至右：體驗課程從「免費→五百圓」的補習班、期限內加訂可享一年免運的網購水餃、退費時能省下七百三十五圓手續費的課程DVD）

271

六種暢銷活動企劃

　　觀察善用你能在市面上看到的所有企劃，是構思活動企劃的不二法門。從零無法生出一，但是，**我們可以藉由改良世上現有的活動企劃，透過有效的組合搭配，變化出最適合商品的亮眼企劃。**

　　請先大致記住這六種分類，以下會一一解說。

六種暢銷活動企劃
①價格企劃
②風險迴避
③贈品企劃
④免費企劃
⑤省時企劃
⑥便利性企劃

①價格企劃

　　簡單來說就是「打折」。其中包含最單純的折扣優惠和折價券，以及富有巧思的「比價之後，如果發現買貴一圓，本店加碼降價」，或「一袋糖果五百圓，裝多少算多少」等優惠。

②風險迴避

　　即透過保證，消除擔憂及購買後可能遇到的風險。最常見的例子是「無效退費」。除此之外，國外的飯店也有「由日本員工接待」的服務，這也是一種風險迴避。

③贈品企劃

　　附贈消費者喜歡的禮物。從最簡單的「買電腦送印表機」到「六十秒內沒出餐，送免費漢堡招待券」等富有巧思的活動都有。點數卡也屬於贈品活動的一環。

④免費企劃

　　免費提供付費商品的活動，形式非常多樣，包括免費試用商品、免費贈送商品、喜歡再付款、免費提供試閱吸引潛在消費者等各種方式。

⑤省時企劃

　　保證用最短的時間提供服務。如「隔日送達」、「只花你三十秒」、「二十四小時內到府維修」等多種形式，對於有時間急迫性的客人來說非常有效。

⑥便利性企劃

　　替顧客省去麻煩的手續，並由賣家自行吸收。如「中古車到府估價」、「二手書到府收購」、「保單線上估價」等，由賣家替顧客省下時間手續，以增加消費意願的企劃方式。

　　除此之外，還有「附設便利超商」等主張立地優勢的服務，以及

「不用準備任東西，來了就能享受野外BBQ」等嶄新的便利訴求服務。

市面上五花八門的活動企劃，基本上都不脫離這六個類型。想推出好的活動企劃，需要手頭上的資料庫準備充足。平時看見哪個廣告企劃「好有趣！」，記得趕快筆記下來。

多多挑戰！暢銷企劃大合體

剛剛介紹了「六種暢銷活動企劃」，我們也可以把不同類型的企劃搭配使用。

企劃混用的例子

- 三十分鐘內披薩未送達就不收費。
  （省時企劃＋風險迴避）

- 通話費三個月免費！加碼送iPad！
  （價格企劃＋贈品企劃）

- 現在半價優惠！外加三十天內無效退費！
  （價格企劃＋風險迴避）

- 只須十分鐘，一千圓剪髮。
  （省時企劃＋價格企劃）

- 月付一千五百圓DVD借到飽！還有專人送到府。
  （價格企劃＋便利性企劃）

　　構思企劃時，請多多思考「能不能加入不同類型」，透過不同的排列組合，激盪出全新的強力企劃。

　　例如達美樂披薩的「三十分鐘內披薩未送達就不收費」，如果當時廣告詞裡只寫「三十分鐘以內送達」，就不會有如此出色的效果了。

三十分鐘以內披薩未送達，
加碼送 iPad……

豁出去了喔～

五種容易失敗的活動企劃

　　推出活動企劃不是給人「感覺賺到」就好，像是下面這些企劃，就有很高的失敗機率，千萬小心。以下分別為你解說。

五種容易失敗的活動企劃

①雷同型企劃
②競價型企劃
③貶值型企劃
④複雜的企劃
⑤門檻太高的企劃

---

①雷同型企劃

　　「因為其他競爭公司免運，我們也來弄免運吧。」這個想法既是對的，也是錯的。跟進其他人的策略雖然是一種最低標準的手段，但只是複製模仿是沒意義的，消費者頂多覺得是「理所當然」。

　　想從眾多雷同商品中脫穎而出，就要做出比別人更亮眼的企劃。

②競價型企劃

　　如果你的商品降價仍能獲利，那就可以使用這類企劃。但你可曾想過，如果又有其他人出價更低怎麼辦？等著你的只是如同廉價餐飲店、永無止境的削價競爭。使獲利減少不是聰明的策略。此外，**商品的售價一旦降得太低，也會給人「便宜沒好貨」的觀感，千萬小心。**

③貶值型企劃

　　「免費估價」、「免費諮詢」、「免費勘查」是常見的促銷服務，對顧客來說是很方便，卻無法從中感覺到價值。此外，拿印上企業LOGO的滑鼠墊當作贈品，到頭來只是增加年末大掃除的垃圾而已。**企劃還是得讓顧客體會到價值感才行。**

④複雜的企劃

　　企劃力求簡潔好懂。簡單來說，只有讓人覺得「原來如此！超讚！」的企劃才有效果。讓人心想「看不太懂？」、「請再說明一次」的企劃通通不OK。

⑤門檻太高的企劃

　　餐飲店常常能看到「蓋滿二十個印章折價五百圓」的集點活動，這些雜七雜八的集點卡，往往會在整理錢包時一併丟掉。

　　但是，假如顧客收到的集點卡上，已經蓋了十五個印章呢？換作是你，想不想在近日光顧店家呢？

　　這樣明白了嗎？**企劃門檻設太高，消費者只會覺得麻煩而已。**

企劃成功的三個條件

失敗的企劃有跡可循；同樣地，成功的企劃也有跡可循，以下為你詳細解說。

企劃成功的三個條件

①大膽誇張的企劃

②業界首創的企劃

③滿足顧客的需求、消除顧慮的企劃

---

①大膽誇張的企劃

這邊指的是連顧客都替他們擔心：「這樣沒問題嗎？」、「會不會賠錢呀？」的活動企劃。

實際上當然不能賠錢。街頭上偶爾會看到推出大膽企劃「要是讓你買貴一圓，老闆繼續降價」的大型家電行。**類似企劃能繼續做，當然是因為非但沒有賠本，還很賺錢**。就和乍看很划算的訂閱型服務是同樣的道理。

②業界首創的企劃

「無效退費」已經是賣東西的鐵則了，但在二〇〇九年，某速食店首次推出企劃時，可是引發了軒然大波。那就是樂天集團旗下的儂特利漢堡所主打的「極品漢堡，不好吃保證退費」。

即使這類企劃在其他產業很常見，但只要在不同領域首次推出，就能瞬間引起民眾的注意。因此，身為廣告人，平日就要多多關注其他產業的動向。

③滿足顧客的需求、消除顧慮的企劃

這個企劃需要深入了解顧客的需求、煩惱及憂心的事情。

例如開在熱鬧街區的居酒屋，光在客流量少時擺出「啤酒半價」的看板是不夠的，要寫「啤酒半價，馬上帶位」強調效率。甚至，我們可以這樣寫「哪裡都好，我只想趕快坐下來，大口暢飲便宜的啤酒！」，用強而有力的方式說出顧客的心願。

思考企劃時，請往顧客會驚喜大叫：「吼！這就是我要的！」的方向來構思吧。

咬下的瞬間，
簡直美味到飛上天的
熱騰騰炸雞……

冰冰涼涼的雞尾酒
也一起半價嘛～

重點整理
Summary 【第十六章】一句話就能衝起銷量！「暢銷企劃」如何寫

什麼叫活動企劃？

● 廠商承諾客人的誘人交換條件。

● 厲害的企劃可讓企業本身急遽成長。

六種暢銷活動企劃

①價格企劃

②風險迴避

③贈品企劃

④免費企劃

⑤省時企劃

⑥便利性企劃

※不同類型可以混搭。

五種容易失敗的活動企劃

①雷同型企劃

②競價型企劃

③貶值型企劃

④複雜的企劃

⑤門檻太高的企劃

企劃成功的三個條件 ······························

①大膽誇張的企劃

②業界首創的企劃

③滿足顧客的需求、消除顧慮的企劃

寫企劃的最大要訣 ······························

- 一定要調查其他競品提出的企劃（並且做出差異）。
- 改良現有的企劃，做不同的組合搭配。
- 句子可以短，重點是要好好傳達出價值。
- 要讓顧客驚喜大叫：「吼！這就是我要的！」

加滿大蒜的煎餃
也半價……　　　　　　　　那我非去不可。

專欄
Column　　**透過企劃讓業績翻十倍的真實例子**

活動企劃的影響程度之大，甚至能讓廣告績效在一夜之間往上跳。

參加本公司線上沙龍的成員H，就靠著在標題文案宣傳活動企劃，成功使產品大賣特賣。H負責「糙米粗糠暖暖包」的網購行銷，起初銷售成績並不理想。

但是，自從H在標題文案加上「不滿意保證退費」之後，當天業績便開始成長，並在一個月後結算時，賣出比去年同月多出十倍的暖暖包。

僅僅只是提到「保證退費」的四行標題文案，竟然就讓業績翻十倍，由此可見，活動企劃的影響力有多大。

※當時用的就是這份文案↓↓

糙米粗糠暖暖包好聞嗎？用起來舒服嗎？
用過了才知道！
免費試用活動到 10/31 為止，不收任何退費手續費，不滿意全額退費，連退貨的運費都不用付。
在寒冬的夜晚，體驗看看暖呼呼、一覺好眠的舒適感受吧！

我後來聽H說，當時真有顧客要求退費，但就只有那麼一件。加加減減，「保證退費」讓他賺到了不少錢。

「萬一很多人要求退費怎麼辦……」這是許多賣家擔憂的事，導致很少人敢推出這類企劃，浪費了大好的銷售時機。只要你的產品和服務品質夠好，這絕對是利大於弊的亮眼企劃。

第17章

用科學的「廣告測試法」
找出暢銷文案

行銷文案是一門科學

　　行銷文案的工作不是只要發想文字而已，找出「什麼樣的文案會賣」也是一門重要的工作。如同廣告之神克勞德‧霍普金斯（Claude C. Hopkins, 1866－1932）所說：「廣告是一門科學。」

> 我們必須進行正確的廣告測試，
> 才能一步步地接近暢銷文案。

　　廣告測試已經行之有年，在網路還不普及的年代，測試是透過信件和廣告傳單，在傳統紙媒上進行的。現在，我們可利用網路廣告線上試水溫，並且即時修正方向。因此，**廣告測試所扮演的角色也越來越重要了。**

●未經測試的廣告叫做賭博

　　我曾接過一個廣告案子，標題文案A的成交率是百分之八，標題文案B的成交率是百分之二十二。

　　假如我沒先做廣告測試，連續一年推出文案A，你知道一整年下來，總共虧損多少錢嗎？

　　假設觀看廣告的人數有十萬人，成交人數就會從八千差到二萬二千這麼多，影響收益甚鉅。**憑感覺、憑經驗寫文案，就跟未經臨床實驗的新藥同樣危險。**無論是再優秀的文案寫手，在得知結果以前，都無法確定自己是否成功。

　　你只能從顧客反應找出正確答案。

●用正確的方法進行測試

僅遵從形式隨便進行廣告測試，坦白說，意義不大。不用嚴謹的方法進行測試，可能會弄巧成拙、誤導結果，影響整個決策方向。

因此，本章要來介紹正確的廣告測試法。

一年後業績相差一位數，廣告測試大解密

測試廣告時，基本流程如下：

廣告測試的四個基礎

● 製作不同創意的複數廣告。
● 將這些廣告以相同條件曝光。
● 測試反應優劣，評估創意好壞。
● 根據測試結果改良創意。

測試的注意點：**不要一次定生死**。請反覆測試，直到測出反應最好的廣告為止。廣告測試的前提為「PDCA」。

廣告測試千萬不能一次定生死

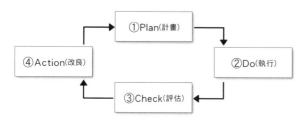

---

①Plan（計畫）：製作不同創意的複數廣告。
②Do（執行）：將這些廣告以相同條件曝光。
③Check（評估）：測試反應優劣，評估創意好壞。
④Action（改良）：根據測試結果改良創意。

對比測試的正確做法

「對比測試」是多數企業採用的廣告測試法，又稱作A/B測試，它用最簡單的方法，測定出反應最好的創意。

●什麼叫對比測試？

這種測法通常會準備兩種廣告，測定反應。也有人會準備三種以上，但**保守做法就是兩種**。若是同時測量的廣告數量過多，曝光量也會增加，使廣告不易做到管理及效果評估。

●變因請設定一個就好

A/B測試最重要的是：**兩種創意裡面，我們只能針對其中一項條件進行變更**。如果兩份廣告裡有太多條件不一致，會難以界定是哪項條件影響了反應。

對比測試的目的是「確定哪些是好的，以及哪些不好」。為了掌握變因，兩份廣告裡，只能有一項條件不一致。

反應「很差」時
該怎麼辦？

答案在下一頁。

●對比測試的可變更條件

對比測試的可變更條件如下：

對比測試的條件清單

- 媒體
- 訴求
- 標題文案
- 活動企劃
- 直效反應回饋裝置（登記方法）
- 社會證明及權威
- 設計及呈現方式
- 內容文案的流程

※ 請一次變更一個項目，進行 A/B 測試。

根據廣告效果應變的三種模式測量法

對比測試的變更項目，需要透過廣告的直效反應來進行調整。應該測試哪個項目，**可依據三種反應模式「很差」、「普普」、「尚可」來做評估。**

●模式①如果廣告效果「很差」的話呢？

「預計會收到一百件回饋，實際上只有兩件」。

「預計會賣出五百個，實際上只有兩個」。

「推出免費企劃，成交率卻只有0.3%」。

遇到上述狀況，可從兩個原因著手。

廣告效果「很差」的兩大因素
原因①訴求方向錯誤
原因②媒體選擇錯誤

因此，對比測試改變的條件有兩點：

- -

①改變訴求，進行A/B廣告測試；

②用同一份廣告，在不同媒體上進行測試。

- -

這是難度最高的例子，需要從零突破到一。請仔細檢查訴求和媒體，突破僵局吧。

①「改變訴求，進行A/B廣告測試」的注意點

此一廣告測試要修正的是訊息的主軸：「我要對誰說什麼？」少數例子只需要變更標題就能解決問題，多數情形則是**整篇文案會因為訴求更改，需要砍掉重練。**

因此，**唯有測試「訴求」時，可無視「一次只修改一個項目」的規則，整體大改。**

②「用同一份廣告，在不同媒體上進行測試」的注意點

媒體測試是不能輕忽的項目。有時僅僅只是改變媒體，流量反應就會增加。換句話說，無論你的訴求、文案、活動企劃寫得再好，一旦用錯了媒體，就無法得到預期的效果，這就形同在沒有魚的池子裡釣魚。

想知道哪種媒體表現最好，可下小額廣告贊助進行測試。利用可監測流量、觸及數、曝光數、點擊數、互動數的媒體進行少量測試。

如果在複數媒體測試之後，一律看不見成效，就是訴求出了問題。

●模式②如果廣告效果「普普」的話呢？

「預計會收到一百件回饋，實際上只有三十件」。

「預計會賣出五百個，實際上只有一百個」。

「推出免費企劃，成交率卻只有百分之三」。

反應不是零，但也稱不上多，說來算少。不到大失敗，但也算不上成功，總之就是「普普」。遇到這種情形，可從兩個原因著手。

廣告效果「普普」的兩大因素
原因①標題文案不好
原因②活動企劃太弱

　　因此，對比測試改變的條件有兩點：

----

①改變標題文案，進行A/B廣告測試；
②改變活動企劃，進行A/B廣告測試。

有機會讓銷量大幅提升

　　變更活動企劃相當費時費力，所以，我們先從改變標題文案著手吧。

　　此外，**對刊在標題文案旁的「視覺圖像」進行測試也很重要。**

　　廣告測試裡最有可能出現大翻身的例子，就是這個「普普」模式。有時光是改變標題文案或活動企劃，就能使顧客反應爆增二～三倍。遇到要上不上、要下不下的情形時，千萬不要放棄，請保持耐心進行廣告測試，直到找出滿意的結果為止。

不是「最差」就好，
我有「普普」
就很開心了。

想法很正面呢～

●模式③如果廣告效果「尚可」的話呢？

「預計會收到一百件回饋，實際上收到六十件」。

「預計會賣出五百個，實際上賣出三百個」。

「推出免費企劃，成交率卻只有百分之五」。

　　遇到上述狀況，可從三個原因著手。

廣告效果「尚可」的三大因素
原因①內容文案不好
原因②視覺設計和版面呈現不好
原因③ EFO 不優（Entry Form Optimization，表單輸入優化）

　　因此，對比測試改變的條件有三點：

----

①改變內容文案，進行A/B廣告測試；

②改變視覺設計和版面呈現，進行A/B廣告測試；

③改變直效反應回饋裝置（登記方法），進行A/B廣告測試。

　　以下依序解說。

① 「改變內容文案，進行A/B廣告測試」的注意點

此一廣告測試要反覆進行微調，慢慢提升反應。在①內容文案測試上，如果只是修改文章的細節，是測不出反應變化的，建議修改大方向。

例如，增加或是減少文章量，或是附上社會證明、權威、實績等事實證據。此外，也別忘了檢視內容文案的流程。

② 「改變視覺設計和版面呈現，進行A/B廣告測試」的注意點

變更視覺設計和版面呈現的測試方法，主要的修改重點為「標題文案及引導文案附近的呈現方式」。簡單來說，就是看到廣告的第一印象。

在滑動頁面、進行操作之前，呈現給消費者的第一印象，必須感覺有閱讀價值才行。

③ 「改變直效反應回饋裝置，進行A/B廣告測試」的注意點

直效反應回饋裝置是業界用語，白話一點就是「登記、購買頁面」。請以快速、簡便、好操作為目標。

這屬於EFO表單優化的範疇，嚴重關係著銷量的生死。詳見第二十章介紹。

好像某個不明飛行物體。

以前好流行 UFO 特別節目呢～

網路廣告測試基本應知的九個指標

網路廣告的優點，就是能即時測量各項指標。

但是，由於新的檢測、解讀方式和數字指標不斷推陳出新，許多人因此感到一個頭兩個大。

別擔心，**只要記住接下來介紹的九個指標，你就能執行基礎廣告測試了。**

其他指標也是建立在這些基礎之上。

①曝光次數（Impression）

廣告顯示的次數。也可寫成「imp」或「imps」。

②已讀率

這是使用Email、LINE等，對顧客傳送訊息的媒體所用的數據指標。已讀率越高，媒體效益越好。**如果看的是Email，最重要的是信件主旨；如果看的是LINE，最重要的是傳送的第一句話。**

除此之外，**傳送時間、收件人清單的狀態也有影響。**與清單上的客戶關係越好，已讀率越高。

公式）訊息已讀人數 ÷ 傳送數 ×100 ＝已讀率

例）已讀人數 200 人 ÷ 傳送數 1,000×100 ＝已讀率 20%

---

③CTR點擊率（Click Through Rate）

廣告顯示次數（Impression）當中，有多少%數點擊廣告的數據指標。主要為banner廣告的重要指標，點擊率越高，表示對廣告有興趣的人越多。

依據媒體不同，有時點擊率越好，每單次點擊都能降低成本（CPC），對廣告費用支出有很大的幫助。

創意優秀的banner廣告，會直接影響到點擊率。這類廣告很講求行銷文案技術的輔助。

> **公式）點擊數 ÷ 廣告顯示次數 ×100 ＝點擊率（CTR）**
> 例）300 點擊數 ÷5,000 廣告顯示次數 ×100 ＝ CTR6%

④CPC每次點擊付費（Cost Per Click）

每次點擊的費用指標，又稱「點擊單價」。CPC越低，越能用較低的預算讓更多用戶看見廣告。

基本計算公式如下，但依據媒體的不同，如關鍵字搜尋或臉書廣告等，就會因為點擊率及其他因素，影響到CPC費用，使用時需特別留意。

> **公式）廣告費用 ÷ 點擊數 ＝ CPC**
> 例）廣告費用 60 萬圓 ÷3,000 點擊數 ＝ CPC200 圓

⑤CV轉換（Conversion）

廣告所帶來的登記、銷售、詢問數字，即**賣家追求的成果指標，同時也是直效行銷廣告最看重的數據。**

可以說，行銷文案就是一門「增加轉換」的技術。簡稱CV，通稱「轉換」。

> 例）蒐集資料 1,500 件 ⇒ CV1,500 件

⑥CVR轉換率（Conversion Rate）

網站訪客裡，有多少人「轉換」的數據指標。假設是一般網站媒體，指的是點擊banner的用戶裡，有多少%數的人進行「轉換」。

CVR是LP（登陸頁面）及網站效益的重要判斷依據。假設banner的CVR很好，但LP的CVR不好，就知道要改善的是LP的部分。

> **公式）CV 數 ÷ 網站訪客數 ×100 = CVR**
> 例）CV100 件 ÷ 網站訪客數 5,000×100 = CVR2%

⑦CPA每次行動成本（Cost Per Action）

每獲得一件CV所耗費的成本指標。

CPA越低，越能下價格效能高的廣告。想要讓CPA的數字漂亮，不能只改善CVR，還要改善CPC才行，因此，CPA也是網站廣

告整體效益優劣的判斷依據。

此外，**一件CV的損益平衡點也會反映在CPA上，下廣告前必須審慎評估。**

> 公式）廣告費用 ÷CV 數＝ CPA
>
> 例）廣告費用 50 萬圓 ÷CV 數 100 件＝ CPA5,000 圓

⑧ROAS廣告投資報酬率（Return On Advertising Spend）

從所下的廣告費產生多少業績的數據指標。為了使廣告產生利益，我們必須預設ROAS的目標。

> 公式）業績 ÷ 廣告費用 ×100 ＝ ROAS
>
> 例）業績 3,000 萬圓 ÷ 廣告費用 500 萬圓 ×100 ＝ ROAS600%

⑨LTV顧客終生價值（Life Time Value）

一位顧客在利用服務的期間，帶來多少業績的數據指標。

如能正確測量LTV，就能計算出精準的目標CPA，使廣告投放更加順利。這在訂閱商業模式成為主流的現今，是越來越重要的大指標。

LTV有好幾種計算公式，以下介紹最實用的兩種。

LTV 的兩個實用計算公式

公式①）平均購買單價 × 購買頻率 × 持續期間＝ LTV

※ 這是計算 LTV 用的一般公式。不過，「持續期間」要精準測量，也需要該事業期間夠長才行。

例①）平均購買單價 1,500 圓 × 購買頻率 10 次 × 持續期間 3 年＝
　　　LTV45,000 圓

※ 可用 LTV45,000 圓計算毛利，由此推估 CPA 要抓多少。

公式②）年度業績 ÷ 在這一年間購買的顧客訪問數＝ LTV

※ 本公式用來計算一年間一位客人平均創造多少圓的業績。本來要看的應該是顧客的終生業績，但實際上「最近一年測量到的數據」最為準確。

例②）年度業績 1 億 2 千萬圓 ÷ 年度購買的顧客訪問數 5,000 人＝
　　　LTV24,000 圓

※ 可用 LTV24,000 圓計算毛利，由此推估 CPA 要抓多少。

我還以為是
Long Television。

之前很流行
寬螢幕呢！

找出正確答案後，就要徹底執行

做完一連串的廣告測試，確定找出最佳解方後，就要堅定信心，徹底執行這份廣告。許多人看到效益開始微微下滑，便急急忙忙地重製廣告。

請注意，**成功過的廣告很難失效。即便效益減退，多數時候都只是暫時性的，繼續使用，效益就會回升。**

●不能比顧客更易膩

做廣告最怕「製作者比顧客更易膩」。有些廣告效果明明很好，卻因為廠商自己看膩了，便想「做出更好的廣告進行替換」，這就跟慣老闆憑著一己之見，莫名開除長期奔波打下根基的優秀業務一樣，是非常不智的行為。

成功的創意可以「從登陸頁面運用到廣告單」、「從廣告單運用到登陸頁面」，通用於不同媒體；妥善運用的話，還能擴大通路範圍。**請記住，反應好的廣告，就要物盡其用！**

> **重點整理**
> Summary 【第十七章】用科學的「廣告測試法」找出暢銷文案

迷惘時不要猶豫，測試就對了

- 廣告是一門科學。
- 只有測試結果才是真相。
- 好好測試改良，可使年度業績相差一位數。

用正確的方法進行測試

- 隨便進行測試可能誤導結果，影響整個決策方向。
- A/B 廣告測試的變因只能有一項（訴求測試除外）。
- 反覆進行廣告測試，使廣告效益最佳化。

有計畫地執行「PDCA」

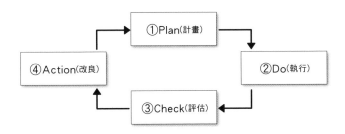

① Plan（計畫）：製作不同創意的複數廣告；

② Do（執行）：將這些廣告以相同條件曝光；

③ Check（評估）：測試反應優劣，評估創意好壞；

④ Action（改良）：根據測試結果改良創意。

測試例

第一輪＝訴求 A/B 測試

第二輪＝標題文案 A/B 測試

第三輪＝活動企劃 A/B 測試

第四輪＝內容文案 A/B 測試

第五輪＝設計呈現 A/B 測試

對比測試的條件清單

- 媒體
- 訴求
- 標題文案
- 活動企劃
- 直效反應回饋裝置（登記方法）
- 社會證明及權威
- 設計及呈現方式
- 內容文案的流程

廣告效果不同，測試內容也不同

①如果廣告效果「很差」的話呢？

- 改變訴求，進行 A/B 廣告測試。
- 用同一份廣告，在不同媒體上進行測試。

②如果廣告效果「普普」的話呢？

- 改變標題文案，進行 A/B 廣告測試。
- 改變活動企劃，進行 A/B 廣告測試。

③如果廣告效果「尚可」的話呢？
- 改變內容文案，進行 A/B 廣告測試。
- 改變視覺設計和版面呈現，進行 A/B 廣告測試。
- 改變直效反應回饋裝置（登記方法），進行 A/B 廣告測試。

網路廣告測試基本應知的九個指標

①曝光次數（Impression）
廣告顯示的次數。

②已讀率
訊息已讀人數 ÷ 傳送數 ×100 ＝已讀率

③ CTR 點擊率（Click Through Rate）
點擊數 ÷ 廣告顯示次數 ×100 ＝ CTR

④ CPC 每次點擊付費（Cost Per Click）
廣告費用 ÷ 點擊數＝ CPC

※有些媒體會因為CTR等其他因素的優劣，使CPC產生變動，要特別留意。

⑤ CV 轉換（Conversion）
廣告所帶來的登記、銷售、詢問等成果。

⑥ CVR 轉換率（Conversion Rate）
CV 數 ÷ 網站訪客數 ×100 ＝ CVR

⑦ CPA 每次行動成本（Cost Per Action）

廣告費用 ÷CV 數＝ CPA

⑧ ROAS 廣告投資報酬率（Return On Advertising Spend）

業績 ÷ 廣告費用 ×100 ＝ ROAS

⑨ LTV 顧客終生價值（Life Time Value）

公式①）平均購買單價 × 購買頻率 × 持續期間＝ LTV

公式②）年度業績 ÷ 在這一年間購買的顧客訪問數＝ LTV

找出正確答案後，就要徹底執行

- 不能比顧客更易膩。
- 成功過的廣告很難失效。
- 「WEB →紙」、「紙→ WEB」可以跨媒體使用成功的廣告。

第18章

舒適好讀的
「版面裝飾」十三個技巧

行銷文案的「版面設計」和「裝飾」目的

許多人希望自己的廣告一看就很出眾，於是糾結於各種小細節。

但是，除非你天生就是美感大師，或者本身就是美編設計，否則很難做出高質感的構圖。

本章教你如何在不請設計師的情況下，透過「版面設計」與「裝飾」的基本技術，使廣告更舒適易讀。

●藝術和設計不同

首先請大家了解一件事：藝術和設計是不一樣的。

藝術是自我表現。比方說，你做了一把無聲的吉他，只要這把吉他傳達出藝術訊息，它就是一項藝術品。

設計則是為了滿足他人而生。這表示，我們不能按照主見，創作出一把無聲的吉他。設計工作是為了滿足企業、消費者及相關人士的利益而存在的。本章介紹的「版面設計」與「裝飾」技術，都是屬於「設計」的範疇。

●只有唯一目的

行銷文案的「版面設計」與「裝飾」只有唯一目的，就是「增加廣告效益」。為了使消費者多看一些、為了使消費者更有反應，我們需要好的「版面」與「裝飾」來做輔助。

本章介紹的「版面設計」和「裝飾」，分別是指這些意思：

● **什麼叫做版面設計？**

就是「配置資訊」。為了獲得更好的廣告效益，我們要把標題文案、素材圖片、引導文案及內容文案等廣告元素，做最有效的排版配置。

● **什麼叫做裝飾？**

就是「點綴」。這個字也有「顧門面」的語感，但在行銷文案領域，指的是提高廣告收益的點綴效果。

●增加廣告效益的「版面設計」和「裝飾」訣竅

以提升廣告效益為目的的「版面設計」和「裝飾」，特別注重以下三點：

三個增加廣告效益的「版面設計」和「裝飾」訣竅

重點①「好讀」
行銷文案的文字很容易爆量，因此，能減少百分之一的閱讀壓力都是好事，這也是版面設計和裝飾的主要目的。

重點②「引導消費者按照順序讀」
內容文案的語順（流程）可以定生死，因此，版面設計和裝飾要能引導消費者按照順序讀。

重點③「引導消費者去讀重點」
誘人的活動企劃和社會證明能衝起銷量，因此，版面設計和裝飾要能引導消費者讀到重點。

以下教你滿足這三個條件的基本實用技巧。

好讀的方法①
「堅守KISS原則」

什麼叫好讀？答案就是「簡單」。廣告教父、奧美廣告創辦人大衛・奧格威（David MacKenzie Ogilvy, 1911-1999）留下了一句至理名言：

"Keep It Simple Stupid."（保持簡單好懂）

這句話取第一個字母為縮寫，稱作「KISS原則」。

非專業美編設計的人，刻意用心製作的版面及裝飾，常常會變得不太好讀。**請記得，好讀的設計通常都很簡單。**我們不需要刻意做得複雜。

煩惱版面設計和視覺美感時，勿忘「KISS原則」，隨時留意「把簡單的東西變得更簡單」。

●雜誌文本就是優良範本

雜誌是很好的範本。一般雜誌版面設計都很簡單，並且使用好讀的排版，不會感覺過度花俏，即使文章量多，讀起來也沒有壓力。

好讀的方法②
「不要使用奇怪的字體」

以下兩篇文字，你覺得哪篇比較好讀呢？

> 煩惱版面設計和視覺美感時，
> 勿忘「KISS 原則」，隨時留
> 意「把簡單的東西變得更簡
> 單」。

> 煩惱版面設計和視覺美感時，
> 勿忘「KISS 原則」，隨時留意
> 「把簡單的東西變得更簡
> 單」。

左邊使用特殊字體，引發了反效果。文字本身是很醒目，但是並不好讀，請小心。文案的字體不要求個性，重要的是能輕鬆地讀下去。

●哪些字體很好讀？

字體請選用平時最常見的字體。如果是紙媒，就用書報雜誌一般在用的字體（明體或黑體）。

如果是網路媒體，請使用大家熟悉的雅虎、谷歌、臉書及推特在用的顯示字體。

我喜歡 Kiss。

關我屁事。

好讀的方法③
「不要弄得五顏六色」

文字的顏色弄得太鮮艷，瞬間就會變得很難讀。顏色的確有讓文字醒目的效果，但不能隨便亂用。**請在無論如何都希望別人看到的句子加上顏色就好。**

如果煩惱配色問題，不如不要變色。請記得，沒有顏色就很好讀。

好讀的方法④
「白底黑字勝過黑底白字」

以下兩篇文字，你覺得哪篇比較好讀呢？

字體請選用平時最常見的字體。如果是紙媒，就用書報雜誌一般在用的字體（明體或黑體）。但是手寫體能提高消費者的注意力，可以靈活運用在標題文案或小標題。

字體請選用平時最常見的字體。如果是紙媒，就用書報雜誌一般在用的字體（明體或黑體）。但是手寫體能提高消費者的注意力，可以靈活運用在標題文案或小標題。

左邊叫做「反白」，讀起來很吃力。基本上，內容文案使用白底黑字就好。

不過，**小標題等希望人一眼望見的短句，可以使用反白強調視覺效果，但一定要做好區分。**

●小標題反白的例子

不要使用奇怪的字體

字體請選用平時最常見的字體。如果是紙媒，就用書報雜誌一般在用的字體。如果是網路媒體，請使用大家熟悉的雅虎、谷歌、臉書及推特在用的顯示字體。

原來是「Kiss 合唱團」，
你喜歡重金屬搖滾齁……

嗯，
我很崇拜吉恩·西蒙斯。

好讀的方法⑤
「齊頭齊尾」

以下兩篇文字，你覺得哪篇比較好讀呢？

> 基本上，內容文案使用白底黑字就好。
> 不過，小標題等希望人一眼望見的短句，
> 可以使用反白強調視覺效果，
> 但一定要做好區分。

> 基本上，內容文案使用白底黑字就好。不過，小標題等希望人一眼望見的短句，可以使用反白強調視覺效果，但一定要做好區分。

下面的文章是「齊頭齊尾」。**如果沒有「齊頭齊尾」，視線會常常需要移動，造成閱讀疲勞。**如果是長篇文章，這些小地方就會出現巨大影響。

請回憶一下雜誌報導，不管是橫書還是直書，都遵守「齊頭齊尾」的原則，尤其紙媒需要特別注意。

好讀的方法⑥
「善用段落設計」

想讓以下這篇文章變得更好讀、讀更快，我們該怎麼做呢？

如何讓廣告單被閱讀

許多人並不會讀塞在信箱裡的廣告單，會直接把它丟進回收箱。很遺憾，在大部分的消費者眼裡，投遞式廣告單就跟垃圾沒兩樣。該怎麼做，才能防止廣告單被丟掉呢？祕訣就是標題文案。顧客會依據第一眼掃視到的標題，來決定要不要讀這份廣告。換句話說，頭幾行就會決定生死。請想出能讓顧客拿到廣告單的當下訝異心想：「這是什麼？」並且好奇讀下去的吸睛文案吧。

遇到橫幅太寬的文本，眼珠常常需要從左移動到右，造成閱讀疲勞。解決方法就是利用段落設計使文章舒適好讀。段落設計就是透過排版，將文字和圖像分成兩段以上。這在廣告單等紙媒上特別重要。

如何讓廣告單被閱讀

許多人並不會讀塞在信箱裡的廣告單，會直接把它丟進回收箱。很遺憾，在大部分的消費者眼裡，投遞式廣告單就跟垃圾沒兩樣。該怎麼做，才能防止廣告單被丟掉呢？祕訣就是標題文案。

顧客會依據第一眼掃視到的標題，來決定要不要讀這份廣告。換句話說，頭幾行就會決定生死。請想出能讓顧客拿到廣告單的當下訝異心想：「這是什麼？」並且好奇讀下去的吸睛文案吧。

段落設計的重點是，每行字數要均一。要是每行字數不一致，讀起來會很辛苦。如果是紙媒，一行通常落在十一～十五個字左右，這是雜誌和報紙最常用的段落單行字數。

好讀的方法⑦
「換行」

廣告不是書報雜誌，人基本上不想看到廣告。因此，要是文字太多太擠，更會使人失去閱讀動力。

解決方式就是換行。善用換行，可把大量資訊分割成小區塊，有效分散閱讀壓力。

登陸頁面和廣告單是容易文字爆量的媒體，使用時要特別注意。

換行時無須在意文法，廣告請以「好讀」為最高原則。**請大概寫三～四句就換行吧。**

●訊息廣告的注意點

如果你的廣告方式是發送訊息，請假設消費者是使用智慧型手機觀看。機種和設定雖然也會影響到換行，但現階段一行打十九字就換行是最安全的做法。

也許之後訊息欄位也會內建換行功能，請隨時留意最新版本資訊。

好讀的方法⑧
「空行」

有一派認為「廣告裡不應出現空白區域，因為那樣子賣不出東西」。這是在說「不該浪費空間」，只要有地方可用，就應該多少寫點文案傳達價值。

但是，空行若是用得巧妙，反而能增加廣告效益。以下兩篇文案，你覺得哪篇比較容易讀進去呢？

<table>
<tr><td>

換行的注意點

善用換行，可把大量資訊分割成小區塊，有效分散閱讀壓力。登陸頁面和廣告單是容易文字爆量的媒體，使用時要特別注意。換行時無須在意文法，廣告請以「好讀」為最高原則。請大概寫三～四句就換行吧。

</td><td>

換行的注意點

善用換行，可把大量資訊分割成小區塊，有效分散閱讀壓力。登陸頁面和廣告單是容易文字爆量的媒體，使用時要特別注意。換行時無須在意文法，廣告請以「好讀」為最高原則。請大概寫三～四句就換行吧。

</td></tr>
</table>

這個例子舉得比較極端，但我想表達的是，右側的空行留白能有效減輕文章的壓迫感。**無意義的空白只是浪費空間，但我們有時也需要藉由空行，來讓文章變得更好讀。**

引導消費者按照順序讀的方法
「善用視覺流向」

　　想要顧客按照文案的流程規劃往下讀，就要先搞懂「視覺流向」。設計版面時，請想像顧客的視覺流向進行編排。

　　視覺流向是一門歷史悠久的研究領域，現在仍持續有人提出新觀點。我們不需要知道太複雜的原理，**只要記住基本的「Z型」和「N型」就夠了。**

Z型視覺流向

　　橫排字的廣告，請善用「Z型視覺流向」。

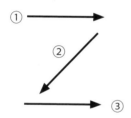

N型視覺流向

　　直排字的廣告，請善用「N型視覺流向」。

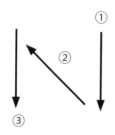

要注意的地方是，視覺流向不會完全都是端端正正的Z型或N型，而是大致按照Z型或N型流動。

並非端端正正的Z或N

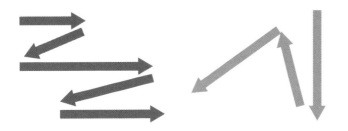

Z型和N型混用

同時混有橫排字及直排字的廣告，可以混合使用Z型＋N型。

縱長型登陸頁面可以這樣做

遇到文字量龐大的縱長型登陸頁面，Z型將連續向下延伸。**請想像消費者會先迅速向下瀏覽，遇到在意的地方，會用Z型的方式閱讀。**

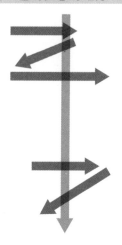

一份廣告會同時出現許多Z和N

綜觀整份廣告，遇到不同的單元區塊，人會自然使用許多Z型和N型瀏覽。當然，形狀不會完全是端正的，請推想自然的視覺流向，抓住大致的閱讀順序。要注意的是，幾乎所有人都是從①開始讀。因此，**喚起消費者注意的標題文案和主視覺圖像，一定要放在❶的位置。**

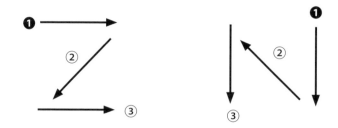

引導消費者去讀重點的方法①
「加框」

如果有無論如何都希望消費者看到的「二～三行字」，就用「加框」的方式處理吧。**人有注意框內字的習慣**，有加框的文章也比較多人看。

只是如果用太多會失去意義，請小心。

加框主要用在以下這些地方：

「加框」特別有效的部分
① 引導文案
② 條列式的部分
③ 社會證明、權威及成績表現
④ 小標題
⑤ 活動企劃
⑥ 申請頁面

引導消費者去讀重點的方法②
「幫文章畫重點」

請在文章重要的地方加粗、畫底線、畫重點、變色，進行裝飾吧。但要注意，裝飾過頭會帶來反效果。

比方說，請比較看看下面兩篇文案。

字體請選用平時最常見的字體。<u>如果是紙媒，就用書報雜誌一般在用的字體（明體或黑體）</u>。但是手寫體能提高消費者的注意力，可以靈活運用在標題文案或小標題。

字體請選用平時最常見的字體。如果是紙媒，就用書報雜誌一般在用的字體（明體或黑體）。但是手寫體能提高消費者的注意力，可以靈活運用在標題文案或小標題。

　　左側太花俏了，變得很難讀，完全看不出重點。文字裝飾請用在真正重要的地方，並**控制在整體文字量的三成以內**。

引導消費者去讀重點的方法③
「吸睛圖像」

　　圖片比文字更容易被看見。聽說大腦識別文字需要兩秒，圖片速度更快。**也就是說，吸睛圖像能瞬間抓住消費者的注意力。請在希望消費者讀到的地方，放張吸引他們的圖片吧。**

●圖文不要重疊

　　文字和圖片請盡量不要重疊。請看下面的圖片範例，文案若是壓在圖片上，字會變得很難讀。

　　如果兩者一定會重疊，請參考右側的示範，給文字一個獨立空間吧。

引導消費者去讀重點的方法④
「善用圖說」

「圖說」就是圖片下方的說明文字，這行字有很高的機率被閱讀。用在廣告上，**不是要你真的去寫圖片說明，而是要寫「使人好奇廣告內容的文案」**。我們必須先用圖片抓住消費者的注意力，讓他們讀到圖說，進而對重要的內容產生好奇心。

看吧，你還是讀了吧？

重點整理

Summary　【第十八章】舒適好讀的「版面裝飾」十三個技巧

行銷文案的「版面設計」和「裝飾」目的

- 提升廣告效益。
- 使廣告被閱讀、得到更多反應。

三個增加廣告效益的「版面設計」和「裝飾」重點

① 「好讀」
② 「引導消費者按照順序讀」
③ 「引導消費者去讀重點」

十三個技巧

① 「堅守 KISS 原則」
② 「不要使用奇怪的字體」
③ 「不要弄得五顏六色」
④ 「白底黑字勝過黑底白字」
⑤ 「齊頭齊尾」
⑥ 「善用段落設計」
⑦ 「換行」
⑧ 「空行」
⑨ 「善用視覺流向」
⑩ 「加框」
⑪ 「幫文章畫重點」
⑫ 「吸睛圖像」
⑬ 「善用圖說」

第 19 章

提升廣告效果的
「十個心理學技巧」

心理效應影響行銷數據的九個實例

前面提到的雞尾酒會效應、卡里古拉效應、蔡加尼克效應，還有許多行銷文案的技巧，很多都應用了心理效應。

> 多多了解心理效應，
> 有助於撰寫行銷文案。

不僅如此，心理學的應用範圍很廣，從行銷業務到日常溝通都用得上。

以下皆是應用心理學大大影響結果的例子。

- **麵包店的例子**

  在商品架上張貼佈告「一人限買三個」，當天一位顧客的基礎消費便往上跳。

- **會計師事務所的例子**

  原先推出兩套顧問方案（A便宜，B昂貴），結果大家都買便宜方案。自從推出了更為昂貴的C方案，B方案就有許多人買。

- **顧問的例子**

  原先推出五種方案，效果不彰，將方案減少為兩種，詢問客戶：「要買哪一種？」買的人便增加了。

- **網購的例子①**

  原先推出三種商品，效果不彰，在其中一種加上「精選推薦」，銷量便往上跳兩倍以上。

- **網購的例子②**

  在商品購買頁面加上「誰誰誰也有買」，買的人瞬間爆增。

- **網購的例子③**

  一提到「停產」，庫存頓時銷售一空。

- **網購的例子④**

  促銷的時候，在所有商品底下加上原定價，創下最高營收。

- **教育事業研討會的例子**

  不小心PO出比平時更貴的參加費，結果報名人數反而增加了。

- **推特的例子**

  替追隨者點許多「讚（喜歡）」，自己的「讚（喜歡）」也增加了。

　　聽到上述成功例子，許多人往往爭相模仿，結果卻以失敗告終。只是照著做是沒有用的，**重要的是了解成功背後的心理學效應，探究人心本質，才能把所學的技巧應用在各種場合。**本章為你介紹行銷文案和行銷業務最好用的十種心理學技巧。

心理學技巧①
順利賣出主打商品的「松竹梅法則」

根據諾貝爾經濟學獎得主、《快思慢想》（*Thinking, Fast and Slow*）的作者——心理學家丹尼爾・康納曼（Daniel Kahneman）的研究，人有迴避風險的習慣，這又稱作「展望理論」。

這是在說，比起獲得，人更害怕失敗或損失。在感覺上也是，損失的痛苦是獲得喜悅的兩倍。

而「松竹梅法則」就是應用了這個心理的價格策略。請回想一下前面提過的會計師事務所的例子。

● 會計師事務所的例子

原先推出兩套顧問方案（A便宜，B昂貴），結果大家都買便宜方案。自從推出了更為昂貴的C方案，B方案就有許多人買。

這就是使用了展望理論的策略之一。

●什麼叫松竹梅法則？

這是刻意把能設定為複數價格的商品，調整為三種價位的策略。

---

①高價位方案（松）

②中價位方案（竹）

③低價位方案（梅）

刻意調整為三種價位，就能發揮如下心理效應：

---

①高價位方案（松）⇒ 買了擔心浪費錢

②中價位方案（竹）⇒ 似乎最安全

③低價位方案（梅）⇒ 便宜沒好貨

像這樣，人會判斷，中價位的方案是風險最低、最安全的選擇。使用松竹梅法則時，**請把最想賣的商品放在中間，注意價格不要太貴，但也不要太便宜。**

心理學技巧②
增加讚數用的「互惠原則」

如果生日這天收到朋友送的禮物，我們也會想要贈送回去。這種自然的心理反應跟互惠原則有關。請回想推特的例子。

● 推特的例子

替追隨者點許多「讚（喜歡）」，自己的「讚（喜歡）」也增加了。

這雖然關係到推特的功能設計，但主要也是互惠原則發揮了效用。

●互惠原則的原理

當我們從別人那裡收到贈禮，不回禮就會覺得心裡過意不去。這是全世界通用的心理現象，不是只有重視禮儀的日本人才如此。

我們都知道，善意的推銷會造成別人的困擾，所以，我們必須提供讓對方開心的資訊。知名談判術「以退為進法」（door-in-the-face technique）就是活用了這個心理效應。

●什麼叫以退為進法？

這是談條件及價碼時非常好用的談判技巧，其中也使用了互惠原則的心理學技巧。

------

①先提出一個對方一定會拒絕的巨大要求；
②被拒絕之後，再提出一個較小的要求（預設的要求）。

這又稱為「拒絕讓步法」，原理是「既然你都讓步了，那我也必須回報什麼」，是一種應用了互惠原則的談判術。 這也是我經常使用的談判套路。

心理學技巧③
增加好感度及信賴度的「重複曝光效應」

想像我們去買家電，走入電器行，眼前出現琳瑯滿目的商品，裡面有看過的牌子，也有沒看過的牌子。性能和價格是一樣的，兩

者CP值都很高，在這種情況下，我們通常會買聽過的牌子對吧？

　　這個現象就是「重複曝光效應」。重複曝光效應是廣告非常講求的心理效應，一定要記住。

●什麼叫重複曝光效應？

　　這是接觸次數越多，好感度越高的心理現象。**人不容易接受未知事物，我們通常會選擇熟悉的品牌，對這些東西比較有信心。**

　　這就是各大企業紛紛砸錢下電視廣告的原因。拿不出電視廣告預算的中小企業，也會積極利用日常活動增加重複曝光效應。比方說，用下列方式進行曝光。

提升重複曝光效應的策略
- 經常發送電子報及系統廣告信
- 經常在社群網路平台發文
- 定期發送最新資訊
- 下訪問者紀錄廣告
- 經常發送廣告傳單

　　「動不動就發廣告信，不會惹人厭嗎？」你可能會這麼想，但其實不用擔心，因為**看了會反感的人，就不是你的潛在客戶。真正的潛在客戶，接觸程度越多，好感度及信賴感越高。**

心理學技巧④
價格標示必用的「定錨效應」

有沒有看過這樣的價格標示？

定價~~12,800圓~~ ⇒ 7,800圓

看起來很故意吧，事實上這樣寫真的有效。請回憶一下「網購④」的例子。

● **網購的例子④**
促銷的時候，在所有商品底下加上原定價，創下最高營收。

本來這位賣家在促銷的時候，只會標上促銷價。**自從他把所有商品的售價標示改為「定價○○圓 ⇒ ○○圓」之後，業績便大幅成長。**
這個例子就是心理學所說的「定錨效應」。

●什麼叫定錨效應？

這是由第一印象的數值，決定日後判斷基準的心理現象。「定錨」的意思是指，在顧客心中投下「判斷依據」。定價~~12,800圓~~ ⇒ 7,800圓的寫法，就是在顧客腦海投下「定價12,800圓」作為判斷依據，讓他們理解折扣的價值。

●價格標示的注意點

容易獲得定錨效應的做法就是價格標示。**這對不了解市價行情的客人來說特別有效**。這時候，顧客因為不知道行情，而處於不安定的心理狀態，會依據被給予的價值基準（錨）來判斷價格的合理性。

這是非常有效的販售手法，但要注意，價格標示務必正確清晰、符合當地法規，不可有誤導消費者之嫌，否則會觸犯「雙重價格標示」法規。相關法規請參照各地區的規定。

心理學技巧⑤
提升價值的「稀少性效應」

有沒有看過下列標示呢？

- 五十台限定
- 三個月前預約
- 住宿一日限定一組

一眼望去，總覺得上述產品特別有價值。我們為何會有這樣的感覺呢？原因就是「稀少性效應」。請回憶一下「網購③」的例子。

● **網購的例子③**
一提到「停產」，庫存頓時銷售一空。

本來銷售普普的商品，在標示「庫存量少」、「即將停產」之後，瞬間搶購一空。

這當然也跟報銷庫存有關，但滯銷商品能在當日突然賣完，依然是很罕見的情形。這就是稀少性效應帶來的影響。

●什麼叫稀少性效應？

這是一種認為「垂手可得的東西價值比較低，難入手的東西價值比較高」的心理現象，應用在文案和行銷上，力道特別強。

具體來說，可以用在這些地方：

在文案及行銷上應用稀少性效應
- 限定生產數量
- 限定販售時期
- 限定販售地點

想要提高稀少性效應，還有其他許多方法，重點在於讓消費者覺得「這東西很稀有、很難入手」。

心理學技巧⑥

刻意抬價的「韋伯倫效應」

挑選禮物給重視的對象時，你是否會刻意挑「貴一點」的禮物呢？**通常價值越不明確的商品，越容易出現這種傾向。**

這就是「韋伯倫效應」的「炫耀財心理」發揮了效果。請回想以下例子。

● **教育事業研討會的例子**

不小心PO出比平時更貴的參加費，結果報名人數反而增加了。

這就是「韋伯倫效應」徹底發揮的例子。

●什麼叫做韋伯倫效應？

就是售價越貴，越能從中感覺到價值的心理效果。

跟「便宜沒好貨」的心態很相似，**價格容易令人聯想到品質，依狀況而定，有時太便宜的東西反而賣不出去。**在文案及行銷領域，我們在執行定價策略時，一定要把這種消費者心理考量進去。韋伯倫效應適合用在下面兩個例子。

適合應用韋伯倫效應的例子

● 顧客不清楚商品行情

● 顧客希望商品具有高度價值

如果你的顧客篤信「這個價錢才是好東西」，在決定售價時，一定要把韋伯倫效應考量進去。

心理學技巧⑦
增加業績的「選擇困難法則」

你在買東西時，有沒有過以下經驗？

- 商品太多，無法選擇。
- 方案太多，無法選擇。
- 看來看去，還是不知道要買哪一個？

產品多元不是壞事。

只是依據狀況不同，有時選項太多也會妨礙購物。為什麼呢？因為「選擇困難法則」。請回想一下顧問的例子。

● 顧問的例子

原先推出五種方案，效果不彰，將方案減少為兩種，詢問客戶：「要買哪一種？」買的人便增加了。

替顧客著想，貼心地準備了許多方案，結果業績反而下滑了……類似的例子多不勝數。

如果你的產品非常豐富多元，就該來了解一下「選擇困難法則」。

●什麼叫選擇困難法則？

這是人遇到太多選項，會發生選擇困難的現象。

因為，「選擇越多越不想吃虧」是人之常情。我相信也有人面對許多抉擇能當機立斷，不過，請將這種人視為稀有動物。**多數情況下，選項過多會使人陷入抉擇困境，最後選擇「什麼也不做」。**

但請注意，選擇困難法則並非萬用的心理學技巧。在商場上，有許多情形也是商品數量越多賣得越好。要不要刪減選項，需要經過嚴謹的反應測試。

●有效使用人氣排名

舉例來說，就像**麵包店在店頭張貼人氣排行榜，使某些商品熱銷。**

這跟等一下會介紹的「從眾效應」也有關。我們可以巧妙藉由提示「買這個吧」，減輕顧客的選擇困難，提升他們的購買欲。

●「推薦」的妙用

舉例來說，就像**購物網站在三種商品的販售頁面上，替人氣商品標上「推薦」，使該商品賣出兩倍以上。**

提示顧客該買什麼，可以有效降低選擇困難。

●封閉式提問

前面介紹的顧問例子，其實還運用了另一個重要的心理學技巧，就是「封閉式提問」。

這是有名的邏輯技巧，把「考慮得如何啦？」改成「要買A還是B呢？」，就能提升成交率。

封閉式提問可以把消費者心中「不買」的選項拿掉，改成「挑一個買」。

心理學技巧⑧
成為決勝關鍵的「從眾效應」

看到以下兩句文案，你會買哪邊？

A 八成日本人選用的牙刷
B 兩成日本人選用的牙刷

不用說，當然是A了。

我在標題文案的章節介紹過「社會證明」，提到「人會從多數人的選擇中感覺到價值」，這種心理就叫「從眾效應」。請回憶一下「網購②」的例子，從眾效應只需短短一句話，就能立即增加銷量。

● 網購的例子②

在商品購買頁面加上「誰誰誰也有買」，買的人瞬間爆增。

這個例子只是在本來的購買頁面，加上一句「誰誰誰也有買」，輕輕鬆鬆就提升銷量。由此可知，對於不了解商品價值的人來說，從眾效應是關鍵的推手。

想讓本來就暢銷的東西賣得更好，也可以加上社會權威及證明，發揮從眾效應。

以下介紹幾個可和從眾效應搭配使用的心理學技巧。

●虛榮效應

這是想要獲得不同商品，藉由個人差異化「我跟你們不一樣」獲得優越感的心理效應。販賣高級品時特別重要，越稀有的東西效果越好。

●溫莎效應

這是一種「聽到第三者的讚美比較容易相信」的心理現象，簡單來說，就是「口耳相傳」。多數消費者比起相信廠商的說詞，更願意相信其他消費者的使用意見回饋。

心理學技巧⑨
增加銷量的價格標示法

　　價格標示會對廣告效益產生巨大影響。

　　因為顧客通常都會認真比價，這是他們最敏銳的時刻。有時僅僅只是標示方法不同，就讓消費者產生「買到賺到」的喜悅，與「會不會買貴？」的憂慮。

　　請記住以下兩種價格標示法。

①非整數定價法

　　有沒有在市面上看過「980圓」、「1,980圓」、「19,800圓」的價格標示呢？

　　這稱作「非整數定價法」，指的是把售價降一位數，或把最左邊的數字減一的定價策略。

「非整數定價法」標示例子

● 把售價降一位數
例）定價 1,000 ⇒ 特價 980

● 把最左邊的數字減一
例）定價 30,000 圓 ⇒ 特價 29,800 圓

　　降低價格的位數及開頭的數字，能製造一種比實際金額減少更多的印象，使消費者覺得買到賺到。要注意的是，不要降價過頭。

為了維持商品的價值感，使用非整數定價法時，必須營造「我們很努力打折」的感覺。

此外，日本很常出現980圓或2,980圓的定價策略，這是因為「8」是一個吉祥數字，象徵著「事業益發繁榮興盛」。

②整數定價法

這是使用「五百圓」、「三千圓」、「一萬圓」等，使數字看起來乾淨整齊的定價策略。**整數定價法追求的不是「划算」，而是買東西的便利性。**

舉例來說，如果特賣會場裡的所有商品都是三千圓，消費者就不需要耗費心思注意價格，能專心挑選商品，以更快速的時間購買結帳。假設商品的公定價格較高，便能期待消費者「趁著通通三千圓的機會大買一波」。百圓商品店就是最好的例子。

對於零售餐飲、成衣等雜貨型店鋪來說，「整數定價法」是很好的商業定價策略。

心理學技巧⑩
不用侷限單一心理效應

最後來個問答題，請問下面的例子，運用了哪種心理效應呢？

請善用前面學過的心理效應來分析解答。

【問題】以下運用了哪種心理效應呢？

例）麵包店
在商品架上張貼佈告「一人限買三個」，當天一位顧客的基礎消費便往上跳。
原因是一次買三個的人增加了。

這個例子應用了兩種心理效應。

● **稀少性效應**

客人看到「一人限買三個」會想：「這麼受歡迎，最多只能買三個啊。」、「既然如此，我就買三個吧！」

● **定錨效應**

對猶豫要買幾個的客人來說，「一人限買三個」下意識地為他們定錨（成為判斷基準）。

如果你是心理學的專家，應該還能舉出許多其他例子。這題的目的是讓你了解：**心理效應不會只有一種，有更多時候，是同時發揮好幾種效應。**

下次當你看到成功實例，別只注意單一心理效應，也找找其他不同的心理效應吧，這能幫助你活用在自己的商業領域。

十個心理學技巧 ....

①順利賣出主打商品的「松竹梅法則」

刻意把能設定為複數價格的商品，調整為三種價位的策略。

②增加讚數用的「互惠原則」

當我們從別人那裡收到東西，不回禮就會覺得心裡過意不去。

③增加好感度及信賴度的「重複曝光效應」

接觸次數越多，好感度越高的心理現象。

④價格標示必用的「定錨效應」

由第一印象的數值，決定日後判斷基準的心理現象。

⑤提升價值的「稀少性效應」

認為「垂手可得的東西價值比較低，難入手的東西價值比較高」的心理現象。

⑥刻意抬價的「韋伯倫效應」

售價越貴，越能從中感覺到價值的心理效果。

⑦增加業績的「選擇困難法則」

人遇到太多選項，會發生選擇困難的現象。

⑧成為決勝關鍵的「從眾效應」

人會從多數人的選擇中感覺到價值的現象。

⑨增加銷量的價格標示法

● 非整數定價法

把售價降一位數，或把最左邊的數字減一。

● 整數定價法

追求買東西的便利性，使數字看起來乾淨整齊。

⑩不用侷限單一心理效應

心理效應不會只有一種，有更多時候，是同時發揮好幾種效應。

主要請參考大眾心理學。

有些心理效應你看了也許認為「我不是這樣」，但別忘了，廣告瞄準的不是你，而是你以外的大眾。因此，了解大眾的心理至關重要。

本章介紹的心理效應，全部經過知名心理學家和行動經濟學家多次實證，是最客觀的「大眾心理」。

廣告之神克勞德・霍普金斯說過一句至理名言：「不要忘記老百姓的感受。」

第**20**章

「網路」與「紙媒」
在行銷文案上的不同

網路和紙媒要用不同文案嗎?

網路和紙媒的文案基本上是相通的。

迴響熱烈的登陸頁面文案用在紙類廣告上,效果通常一樣好,偶有相反的情形。

此外,把登陸頁面的文案編修縮短,用在A4大小的傳真廣告上,通常也能獲得良好的回應。

無論是網路還是紙媒,訴求、標題文案、內容文案的發想方式都是一樣的,即使媒體不同,運用話語傳達理念的本質是不變的。暢銷文案在任何媒體都能發揮效益。

> 不過,綜觀整體創意,
> 網路和紙媒有以下三點不同,需要留意。

我們來一個一個看吧。

網路和紙媒需要留意的三點差異:
① 版面設計;
② EFO(Entry Form Optimization,表單輸入優化);
③ banner 廣告。

版面設計的差異

● 網路這樣做

「手機優先」這句話已成業界常態,意思是說,編寫廣告文和

版面設計時，要以智慧型手機為主，電腦其次。

時代不同了，人們連線上網的工具也不一樣了。廣告要做的是與時俱進，隨時掌握最好讀的工具界面，配合界面，做出效果最佳的版面設計。

以手機為例，需要在小畫面依然好讀的版面，以及無須滑動便能一眼抓住消費者注意力的俐落設計。在現代的網頁設計領域，回應式網頁設計（無論用電腦還是手機看都很舒服的設計）已是基本配備。

●紙媒這樣做

紙媒和網路不同，空間受到了限制，因此，版面設計也相當有學問。

最好的做法是請高明的專業設計師出馬，但很多時候，我們不得不自己動手做。自力設計時，可以參考以下步驟。

> 自力設計的三個步驟：
> ①先用 Word 等文書軟體寫好文案；
> ②構思版面；
> ③最後加上裝飾設計。

也有人習慣先構思版面，但在受限的情況下思考文章，容易使文案品質下滑。

關於版面樣式，參考受歡迎的同類廣告是最安全的做法。

EFO（表單輸入優化）

●網路這樣做

你在網路購物時，有沒有過以下經驗呢？

- 要填寫的項目太多，覺得很麻煩。
- 一再輸入錯誤，煩躁不已。
- 看不懂要怎麼填單。

所謂的EFO（Entry Form Optimizatio，表單輸入優化），目的就是盡可能降低這些壓力，找出能用最輕鬆省時的方式，不耗費心力就成功輸入的方法。

這是行銷廣告相當重要的領域。覺得填寫資料很麻煩，最後放棄購買的用戶實在太多了。表單系統和解決方式今後還會不停改善，現在，你可以先記住下列基本原則。

①採用回應式網頁設計

有時用手機上網，頁面會跳出電腦格式的輸入表單，用手機看，輸入欄位實在太小了，造成購物上的麻煩。因此，**表單類請搭配不同裝置來顯示。**

②徹底刪除不必要的項目

填寫欄位過多時，顧客很容易感到麻煩而放棄。因此，表單

一定要把填寫項目降到最低。仔細檢查裡面有無沒必要的項目，像是「姓名拼音」、「生日」、「職業」、「家庭成員」、「備註欄」、「問卷調查」等，這些幾乎都可以刪除。

重複確認Email的項目也很麻煩，多數人都會複製貼上。仔細評估，這些都是必要項目嗎？設計表單時，別老想著「我要再加一個」，請把思考模式改成「我要再刪一個」。

③分兩階段收集顧客資料

別一次急著利用註冊表單收集顧客資料，例如生日，可以等日後舉辦生日特賣活動時，再請顧客填寫。第一次註冊，請把顧客需要填寫的項目降至最低，其他資料等註冊完，擇日再請顧客補上。

④標示「必填」

姓名、聯絡方式等必填項目，請在輸入欄位旁標示「必填」，以免顧客因為漏填，反覆跳回重新填寫的畫面，最後覺得麻煩，乾脆關掉網頁。

⑤不要分全形半形

這種情形雖然已經很少見了，偶爾還是會看到「電話號碼請輸入半形」、「地址請用全形」的規定。地址上的號碼要用全形輸入是很無理的要求，此外全形半形也常造成錯誤原因，容易使人放棄，千萬不能忽視。

⑥地址採用自動化輸入

這是日本許多企業導入的熱門方法，**只要輸入郵遞區號，對應的地址就會自動跳出**。輸入地址是相當麻煩的步驟，會對用戶造成極大壓力，我們一定要盡量減輕顧客壓力。

⑦別放不需要的連結

在結帳頁面放其他商品連結及首頁網址並不明智，許多人不小心點到就回不來了。結帳頁面請專注在結帳。

⑧註冊過就不需要重新輸入

例如亞馬遜購物網頁，只要買過一次東西，之後就不需要重複填寫個人資料，只需幾個確認步驟就能結帳。這些貼心的設計，能大幅增加顧客的回購率。

⑨顯示填單需要花的時間

例如「十秒註冊」、「一分鐘結帳」，請在欄位顯眼的位置強調「不占用時間」。許多顧客不願意多花時間註冊，標示時間可以減輕壓力。但是，**只對真的迅速簡便的表單有效**。

⑩請給填寫範例

請在欄位旁標示填寫範例，有範例可以參考，顧客輸入時就不會陷入膠著，也能減少錯誤。

天啊，
什麼是全形半形……

有了參考範例，顧客就不會輕易跑掉

郵遞區號【必填】　[例]239-0806

縣市【必填】　[例]神奈川縣

鄉鎮市區‧道路街名路段巷弄【必填】　[例]橫須賀市池田町8丁目11-24

建築物名‧幾號幾室　[例]文太大樓401

電話號碼【必填】　[例]0805403○○○○

I wanna rock and roll all night……
嚕啦啦♪

來上班記得卸妝！

●紙媒這樣做

紙媒和網路不同，能做的事相當有限，但記住下列技巧絕不吃虧。

①針對現有客戶的廣告單

既然已有顧客建檔，**請將檔案印好，連同單據一併寄送。**

姓名:松本留五郎 先生	**TEL:**080-8022-○○	**FAX:**
〒556-0005		
地址:大阪市浪速區日本橋3-○-○ 501室		
Email:tomegoro@daisho.com		
商品編號:SJK001	**商品名稱:**你的頭髮一定會長	
商品內容:DVD3枚組(收錄時間:137分鐘)+贈品DVD1枚(收錄時間:17分鐘)		
價格:16,980圓(含稅18,678圓)　**運費:**免費　**結帳方式:**點數兌換(0手續費)		
保固:60天內無效退費	**廣告代碼** 0331	

②傳真廣告

即便是沒有用戶資料、針對新客戶發送的傳真廣告，有些業者也會貼心地印上企業名稱、電話號碼、傳真號碼等基本資料。只要能省下填寫時間，都能提升成交率。

③廣告傳單

廣告傳單一般都是電話洽詢。不過，現在也有滿多消費者習慣看到感興趣的廣告單後，另外上網查詢註冊，因此，我們可以在傳單加上連結網站的QR code，或是加上「請上網搜尋○○」。

banner廣告

　　banner是網路廣告，形式多樣，大致分為文字banner和圖像 banner。**文字banner的部分，要先確定標題文案應該放在哪個位置。** 最顯眼位置的文字下得好不好，會大幅左右點擊率。

　　圖像banner則是圖片的重要程度大於文字。請按照不同客群，選用適合的文案及圖片。

【依照客群分類】banner 廣告的文字及圖片選用重點

瞄準目標客群類型①時
- 文字：商品名稱與誘人的活動企劃。
- 圖片：誘人的商品圖片。

瞄準目標客群類型②時
- 文字：商品名稱、誘人的活動企劃、與其他家的差異、好處等。
- 圖片：誘人的商品圖片，以及傳達好處的圖片。
※ 類型②的購買意願擺盪幅度大，需要多用不同條件進行廣告測試。

瞄準目標客群類型③時
- 文字：好處，以及提到其關注話題的誘人文案。
- 圖片：傳達好處的圖片，以及其關注話題的相關圖片。
※ 針對類型③，banner 不能有一絲絲推銷商品的味道，否則會被無視。需要發揮創意讓他們心想：「這個資訊好像滿有意思的。」

●banner文案最著重「蔡加尼克效應」

你的文案必須引起人們的好奇心，否則不會特別點進去。善用蔡加尼克效應吊人胃口，即使面對購買意願強烈的類型①族群，也用下面的方式寫。

例）補習班
○○學院免費推出暑期特訓班
⇒為何○○學院的暑期特訓班不收錢呢？

在樂天買的衣服

重點整理

Summary　【第二十章】「網路」與「紙媒」在行銷文案上的不同

網路和紙媒的行銷文案發想方式相同

- 即使媒體不同，用話語傳達理念的本質是不變的。
- 暢銷文案不限網路或紙媒，在任何媒體都能發揮效益。
- 但是，網路和紙媒仍有部分不同，需要留意。

網路和紙媒的差異

① 版面設計；

② EFO（Entry Form Optimization，表單輸入優化）；

③ banner 廣告。

版面設計的差異

- 網路要用在不同界面都能正常顯示的回應式網頁設計。
- 紙由於空間受限，版面設計相對重要。但仍需以文案為主，版面構思為輔，勿本末倒置。

EFO（表單輸入優化）

縮短網路註冊、結帳時間程序的方法。

①採用回應式網頁設計

②徹底刪除不必要的項目

③分兩階段收集顧客資料

④標示「必填」

⑤不要分全形半形

⑥地址採用自動化輸入

⑦別放不需要的連結

⑧註冊過就不需要重新輸入

⑨顯示填單需要花的時間

⑩請給填寫範例

banner 廣告

- 文字 banner 要先確定標題文案應該放在哪個位置。
- 圖像 banner 圖片的重要程度大於文字。
- 創意請按照不同客群進行發想。
- banner 文案最著重「蔡加尼克效應」。

五秒搞懂暢銷文案！
訣竅一百選

我常在推特等社群平台公開分享我的暢銷文案祕訣，數量之多，光一年內介紹的數量就超過兩百個，我從中嚴選了迴響共鳴特別熱烈的一百個，在此分享給大家。用詞和本書內文略有出入，但理解每個訣竅只花你五秒鐘，可以趁空檔時看一下，當作復習本書內容，順便磨練撰寫暢銷文案的敏銳度。

1. 訴諸五感

- 文案 A「成功聚集到許多客人」
- 文案 B「洽詢電話響個不停」

A 只說明了好處，B 除了好處，還運用到視覺聯想。訴諸五感（視覺、聽覺、觸覺、味覺、嗅覺）的文案，比單純描述好處更誘人。

2. 瞄準客群才是捷徑

有人擔心「聚焦某一客群會使顧客數量減少」，其實不用擔心。如果你的商品已經廣受大眾喜愛，早就該賣到翻掉了。那麼，瞄準客群的作用是什麼呢？我想一定有人很欣賞你的「優點」，卻不認識「你這個人」，這麼做是闢出一條和他們相遇的捷徑。

3. 價格標示技術

「1,000 圓→ 980 圓」，像這樣，稍微降價，使售價少一個位數，視覺上感覺就省了不少錢。即使只有微量折扣，只要少掉一位數，就能增加銷量。有專家指出「折扣會導致惡性循環」，我想主要是看你怎麼用。

4. 一樣的意思效果十倍

比起「回購率百分之九十五」的說法，「十個人裡有九個人回頭購買」較能傳達出商品價值。即使意思相同，有時換個說法，就能帶給消費者十倍的力道。

5. 預防性商品的販售訣竅

「不要等到病情惡化才就醫。」用醫師警告家長來舉例，憂心孩子健康的父母聽了只會更想守護好孩子。這就是預防性商品的販售訣竅——讓顧客了解「想要守護心愛的家人，預防勝於治療」。倘若只把焦點聚集在目標本身，你的視野會不夠寬廣。

6. 如何詢問真實意見

請別人幫忙看製作物時，千萬不要拿起來就問：「看起來怎樣？」多數人為了顧及你的感受，會語帶保留地說：「還不錯啊。」不過，只要準備兩項製作物，詢問對方：「哪個比較好？」、「好在哪？」多數人都會老實回答。本方法可應用在任何場合。

7. 別想著「我要怎麼寫」

別想著「我要怎麼寫」，而是「我要對誰說什麼」。只要正確理解這句話的意思，落實到文案裡，你寫的文案就會越來越賣。

8. 打動一個人就好

請想像婚禮的尾聲，新娘讀著給父母的感謝信。即使我們不是新娘的家人，聽著也會不自覺聯想到自己對父母孩子的感情，不小心就感動掉淚。行銷文案也是如此，好好寫出打動一個人的文案，就能打動類似的一百個人的心。如果一開始就想寫給所有人看，最後只會落得兩頭空。

9. 抄襲別人的文案會出問題

複製其他暢銷公司的文案是沒用的，因為文案之外還牽涉到市場行銷、品牌管理、活動企劃、商品力道等等，這些通通不一樣。只是模仿表象的文案無法發揮效力。不先釐清問題的核心，就無法掙脫不賣魔咒。

10. 配合商品認知度改變文案

一樣的商品，消費者本身認不認識它，也會影響到文案的寫法。例如，對「好想買」的客人來說，會想在文案看見好的交易條件。對猶豫：「要買哪一個？」、「到底要不要買？」的客人來說，會想在文案看見這個產品有哪裡不一樣。對想著：「我沒有要買東西，但有沒有好方法能解決我的問題？」的客人來說，會想在文案看見好的解決方案。

11. 光靠文章力和表現力是沒用的

光靠文章力和表現力寫文案一定不會賣。顧客不會為了妙筆生花的文案掏錢，他們要的是「優秀的提案」。看到精湛的文字表現會興奮的只有業界同行。首先請思考：什麼才是讓消費者無法忽視的「優秀提案」。

12. 量產「好處」的思考術

好處是從商品和服務獲得的「好結果」。沒提及好處的文案，等同於不會賣。文案工作是透過文案傳達諸多好處，想破頭時，請連續對商品的特色和優點發問：「也就是說，這表示？」、「為什麼需要這功能？」如此一來，就能發掘大量好處。

13. 回顧自己的消費行動

我曾針對「顧客心聲回饋重要嗎？」做了許多問卷調查，得到的回答「要與不要」各一半，令我跌破眼鏡。我想大部分人都看過亞馬遜的顧客評價吧……想太多是警訊。回顧自己的消費行動，就能簡單找出廣告哪裡重要。

14. 心理學技巧的陷阱①

越叫人們「不要讀」，人們偏偏越想讀——這是叫做「卡里古拉效應」的心理學技巧。「禁止命令」的確能吸引注意，但一定要在後一行加上提起消費者興趣的文案才行，否則他們會「真的不讀」。光靠投機的心理學技巧，是做不出暢銷文案的。

15. 心理學技巧的陷阱②

把「考慮得如何啦？」改成「要買 A 還是 B 呢？」能提升成交率。這種封閉式提問可以把消費者心中「不買」的選項拿掉，改成「挑一個買」。這是相當知名的邏輯技巧，實際上用起來呢？如果眼前全是你不想要的商品，你也不會突然失心瘋吧？請把顧客需求擺第一，光顧著玩心理學把戲是行不通的。

16. 熱賣前嗅得出端倪

我常和寫文案的朋友聊起這件事，有些熱銷商品文案還沒寫，就能嗅出一股熱賣的味道，我也搞不清楚這種感覺所謂何來，要舉例的話，大概是能不能想像商品的後面「有許多人面帶興奮的笑容排隊」吧？

17. 不要忘記老百姓的感受

這已經是十年前的事情了，當時我在某份廣告案提出退貨手續費從七百三十五圓降成零圓的企劃，效益立刻攀升兩倍（CVR 轉換率百分之七→百分之十四）。目標客群是診所的院長（富裕階級）。事實上，不少有錢人都在意這些小細節。這也是傳說級的廣告之神克勞德‧霍普金斯給我的教誨：「不要忘記老百姓的感受。」

18. 把所有魅力通通端上來

最近我買了一本時隔二十三年沒買的雜誌《Young Guitar》（吉他愛好者的專門雜誌），只為了一份僅僅六頁的樂譜。也就是說，我花了一千圓，買六頁的紙。事實上，這是廣告常見的現象，顧客常因為對很小的細節感興趣而去購買。你把手上商品的魅力通通說出來了嗎？

19. 有沒有看見好處啊？

我是一個徹頭徹尾的類比派原始人，家裡甚至沒有電腦，也沒有牽網路線。但是，我今年竟然破天荒買了 Softbank Air 無線網路基地台，天天啟動 Amazon Fire

TV，只因為我和兒子雙雙迷上了《假面騎士》。只要看見誘人的好處（真的想要的東西），再食古不化的人都會動起來。

20. 一百人遇到的不賣魔咒

多年前我曾一時想不開，一年之內替一百零八人擔任免費行銷顧問，幾乎所有人都問我：「到底要怎麼寫才會賣？」我看了他們寫的文章，文字表現都很優異，卡關原因百分之九十九出在「沒有暢銷提案」。構思暢銷提案是文案寫手的工作，比例大概是「思考占八成，寫作占二成」這麼多。

21. 缺點也會化為優點

廠商深信「這次無懈可擊！」的商品不見得會大受歡迎，有些時候，「缺點反而是優點」。請想像週末人來人往的熱鬧街區，想快點喝到啤酒的客人，最後為何走入空無一人的居酒屋？這就是「生意不好」→「可以馬上坐下來喝」的轉換例子。

22. 歡迎同業抗議

文案引發同業抗議不是壞事，這類廣告通常點閱率很好。就像黑心房仲為了衝簽約率，故意提出較高的估價賺取仲介費，最後擺爛不賣的例子，這是很多房仲業者刻意隱瞞的業界手段，這時如果有一個房仲跳出來說「我們不幹這種事」，一定能引起賣家們的注意。前提是「陳述事實」。

23. 怎樣都不賣動時該怎麼辦？

當你為了「怎樣都賣不動」而苦惱時，在強化文案和行銷力道之前，有件該做的事是「承認自己哪裡不如人」。實在找不出缺點也別驕矜自滿，恐怕是「市調不足」造成的，就從這點著手補強吧。

24.「臨時取消可以退費」教我的事

五年前我寫過一份研討會的活動文案，猶記當時寫得特別賣力，結果卻毫無反應。幸好，在我加上「臨時取消可以退費」後，活動立刻報名滿額。這個例子教會我一個道理：效益下滑不見得是文案的錯，有時純粹是活動時程安排得不周到。分析真正的廣告成效時，這也是相當重要的考量點。

25. 網路市調的陷阱

做好市場調查是寫文案相當重要的一環，許多人會利用網路進行調查，這時候請當心「確認偏誤」。確認偏誤是指，人有下意識按照自己認定的事實收集資訊、誤導結果的習慣。使用網路搜尋資料，雖然容易獲得許多資訊，但也容易掉入「確認偏誤」的陷阱，請務必小心。

26. 簡單便是美

顧客不會因為你的文案寫得很優美、外觀設計繽紛花俏而感動落淚、掏出錢包。他們付錢的原因，無非是想得到期望的東西（好處）。優秀的文案寫手及設計師總能想出香噴誘人的好處，表現方式則意外地簡單。

27. 文案強弱排行榜

第九十九名 炫耀
第四名 打動人心的話語
第三名 使人好奇的話語
第二名 無法忘記的話語
第一名 想對別人說的話語

行銷文案瞄準第二、第三名就 OK，但要在網路社群瘋傳，就要瞄準第一名。這部分難度相當高。

28. 如何發掘新點子

「你知道嗎？」、「其實可以這樣做。」用這樣的思路思考文案，就有機會靈光一閃。而且，靈感還能幫助你發掘至今從未察覺的新客群。「這樣做」也可以改成「這樣用」。

29. 換個問法就能減少誤會

這是溝通課的講師教我的。想要減少轉達失誤，可以把「跟他說了嗎？」改成「他明白了嗎？」只要稍稍改變問法，就能引導對方思考。這在行銷文案上也是相當重要的思考方法。

30. 品牌管理、市場定位、行銷

這三個名詞看似有點難，簡單來說就是這樣子：

● 品牌管理
⇒「你知道○○嗎？」問人的時候，已經可以把商品名稱當作專有名詞。

● 市場定位
⇒在品牌管理做必要的差異化。

● 行銷
⇒不是在賣東西，而是讓想買的人增加。

31. 不要把名稱放很大

有些人喜歡把商品名稱、企業名稱用大字「咚！」地刊在標題文案上，請注意，這個做法只有下列情況適用：

①有許多人等著搶購這樣東西；
②東西就在你眼前（指定搜尋等）；

③加深品牌知名度的形象廣告。

毫無意義地放大名稱不會加分，文案請以「傳達好處」為最高準則。

32. 加上這幾個字就能增加業績

很多時候，僅在主推商品前加上「店家推薦」就能增加銷量。這麼做給了猶豫不決的客人一個明確的方向，也讓本來在逛其他商品的客人「順道購買」。條件是，這樣商品本來就賣得不錯，以及價格並不貴。

33. 把所有「第一」都找出來

問日本人：「日本第一高峰是哪座山？」任誰都會回答：「富士山。」但是，如果再問日本人：「日本第二高峰是哪座山？」幾乎所有人都回答不出來。由此可知，No.1、Only 1 對品牌辨識度來說相當重要。小事情也無所謂，請盡量找出你產品的 No.1 吧。

34. 快速寫出文案的三個提問

①為何需要這個產品？
②為何非得是這個產品？
③為何要現在立刻就買？

如果能在一分鐘之內回答出來，就能快速寫出文案。如果有點卡住，表示你對下筆之前的「思考工作」認知不夠充足。

35. 不要小看「直覺」

有時仰賴「直覺」也是很重要的。經驗和知識豐富的人，能透過「直覺」在最短時間內找出最棒的答案。因此，即使你對廣告一竅不通，也不要忽視創意（賣出去的關鍵）直覺。這些人可能對特定業界、特定商品和特定客人很了解。找出關鍵創意也是很重要的事。

36. 改成問句讓人更想讀

行銷業界流傳著一個說法:「適合用驚嘆號的標題文案不是好文案。」試想,如果有人拿著大聲公在你耳邊大吼大叫,你也只想摀住耳朵吧?使用問號結尾,會讓人比較想讀。「這東西超——棒!」→「你知道它厲害在哪裡嗎?」大概是這樣。簡單來說,不是直接丟出答案,而是讓人想知道答案。

37. 為何要用「三個原因」?

人能從數字「三」獲得安定感。就像相機的腳架,物理上有三根支撐物就很穩固。文案上常常出現「三個原因」,就是瞄準這個心理效果。你可能會問:「如果原因超過三個呢?」要留意,太多聽起來會像藉口。

38. 如何調查競品廣告

調查競品廣告時,不需要把文案和設計的每個角落都調查清楚。

- 瞄準的目標客群
- 主打的好處
- 活動企劃

請過濾這三項條件,找出差異化的突破口。過度在意每家公司的創意設計,會遺漏最重要的訊息。

39. 標題文案格式可搭配心理效應

把標題文案格式當作是在填格子就太浪費了,搭配心理效應,會幫助你十倍理解該怎麼寫。

- 「給〇〇〇」⇒雞尾酒會效應
- 「〇〇不可以〇〇」⇒卡里古拉效應
- 「為何〇〇呢?」⇒蔡加尼克效應

● 「你該不會也○○了吧？」⇒巴納姆效應

【註】巴納姆效應（Barnum effect）：容易對不特定對象的籠統內容「對號入座」的心理現象，常用在「算命」上。

40. 加強文案品質的十個檢查項目

細修文案初稿時，按照這份清單檢查，效果加倍。

①重複的字句更換說法
②具體說明，盡量不要兜圈子
③盡量刪除贅字
④用數字呈現
⑤刪掉多餘的形容詞
⑥長文分割成短文
⑦原因三個就好
⑧同樣的句型最多三句
⑨能靠著小標題看出大意
⑩力求簡單

41. 如何簡單說明困難的事情

該怎麼把困難的事情說得很簡單呢？

①刪除商品名稱；
②刪除特色、功能及優點；
③只說「好結果」。

像這樣：
※ 使用美國最新牙科治療技術 Doc's Best Cement，就能幾乎不需要鑽牙，用礦物質替蛀牙殺菌。→「無痛蛀牙治療」

42. 讓人讀到最後的方法

「想讓更多人讀完文章……」這時候可以「留白」，讓消費者發揮自己的知識、常識、價值觀來補足空白，並且不由自主地越讀越起勁。這也用了蔡加尼克效應。當然，寫的人有責任在後面給予完美解答。

43. 暢銷標題文案的九個檢查項目

檢查標題文案時，使用這份清單可使人加倍想讀。

①你是對著一個人寫的嗎？
②裡面有優秀的提案嗎？
③可以具體想像好處嗎？
④有沒有意外點？
⑤快速看三秒就能看懂嗎？
⑥可以把驚嘆號改成問號嗎？
⑦在意後續嗎？
⑧公司名稱和商品名稱真的需要放嗎？
⑨有沒有一句話讓人記住？

44. 用數字形容非常有效

善用數字來形容，就能讓消費者一秒聯想。

● 「很大的國家」⇒「比日本大十倍的國家」
● 「預約不到」⇒「預約要等三個月」
● 「常有人回購」⇒「十人中有九人回購」

訣竅就是盡可能用數字說明，並選用可以突顯價值感的寫法。

45. 先丟出好處的寫作術

● 「有這樣的特色在」＋「所以可以得到這麼棒的好結果」
● 「可以得到這麼棒的好結果」＋「因為有這樣的特色在」

記住上述兩種組合，你寫的文案就有人看。因為這兩種寫法都是以消費者最愛的好處（好結果）當作主角。

46. 先丟出好處的寫作流程

按照這個流程來寫，就是相當不錯的行銷文案。

①本來怎樣的人，後來變得怎麼樣？
⇒暢談誘人的好結果。

②成功的關鍵是？
⇒提出特色、優點及價值當作證據。

③最佳解方是？
⇒選這個商品最棒的原因。

47. 寫不出文案時該怎麼辦？

煩惱寫不出文案時，請朝自己發問：

● 我想對誰說什麼？
● 為什麼想說呢？

如此一來，就會察覺卡稿的原因。

48. 看穿真正的目標

請問故事書《桃太郎》的主角是誰呢？一般人會回答「桃太郎」。回答「讀者」的人想必很反骨。附帶一提，學過行銷文案的人會肯定地告訴你「想親子共讀的父母」，因為太習慣思考「誰會買」了。

49. 清楚表達好在哪裡

即使是知名大廠嘔心瀝血開發的感冒藥，不寫明「治喉嚨痛」，那些喉嚨痛的人就不會買。說明產品功效時不需要客氣。

50. 把缺點變強項的方法

該怎麼把「缺點」變強項呢？方法有很多種，其中之一是找出「喜歡這個缺點的人」。在超市無法當作商品販賣的過熟黑香蕉，也有想不用砂糖做出甜甜香蕉蛋糕的人需要它，而且非它不可。

51. 不寫就無法察覺

寫文案卡住時，勿忘真正該檢視的東西「就在眼前」。不是格式的問題，也不是必須上網查詢的事情，提示往往就在自己眼前，而你要繼續往下寫，才會發現關鍵提示。所以，「先寫再說」不失為一個好方法。

52.「想賣的東西」跟「想要的東西」差很大

這是來自外牆塗裝公司的諮詢。「我們家的塗料很珍貴，只有三家公司使用，應該寫在文案上嗎？」如果消費者是塗裝業者，大概會感興趣吧。但是，假如你的客人是單純想讓牆壁變漂亮的房東呢？「三家公司限定的塗料」在他們眼裡「一點也不重要」，你一定有更重要的資訊可以放。「想賣的東西」跟「想要的東西」，有時真的差很大。

53. 冷知識可以提升價值

說件事讓你嚇一跳。你知道嗎？你家的院子和附近的公園裡，就有上百隻類似蝦子和螃蟹的「甲殼類動物」喔。而且，這種生物……

- 是活在陸地上的「甲殼類」。
- 隨處可見，但其實是來自歐洲的外來種。
- 是明治時期來到日本的。
- 壽命有二～四年。
- 你一定也看過。
- 小朋友很喜歡。
- 以牠們當主角的繪本多到數不完。

答案是「鼠婦」。你可能會心想「什麼嘛！」，但在得知的當下，「鼠婦」在你心中的感覺整個不一樣了。冷知識可以提升價值。

54. 勿用人物誌做創意發想

許多專家會大叫：「人物誌對文案來說很重要。」……且慢！我們先釐清以下三種目標客群，再來研究應該靠誰決勝負也不遲啊，否則等人物誌做下去就來不及了。

類型①很想得到商品的客人
類型②猶豫中的客人
類型③沒聽過商品但需要好處的客人

55. 隱瞞缺點客人會掉頭離開

如果你今天要幫一個感覺會賣到翻的商品寫文案，應該怎麼寫呢？首先第一件事是找缺點。因為，討論度高的東西，顧客一定很快就會發現缺點，尤其是很想得到商品的客人，他們也很了解商品的缺點。在行銷文案上隱瞞缺點，就像

只會炫耀功績的業務，沒有人會信任他。

56. 改善文章節奏感的方法

比方說，每個句子重複出現「了」，就會影響閱讀節奏。建議同樣的句型不要在一個段落裡出現超過三次，這樣才能提升文章的閱讀節奏，不會使人讀時因為在意瑕疵而一直卡住。

57. 使用心聲強化標題文案的方法

想讓標題文案變得更吸睛，這邊教你一個小技巧「替顧客道出心聲」。比方說，向牙醫診所的院長販賣員工訓練課時，文案可以這樣寫：

※Before
給煩惱員工績效和幹勁不足的院長。

※After
給心想「我有付你薪水，拜託你認真工作」的院長。

58. 一個字也不要浪費

找個比較極端的例子，我們時常能看見類似「讓你人氣一飛沖天的人氣部落格寫法」這種文案。事實上，把裡面兩個重複用詞換掉一個，就能提升資訊價值。

※Before
讓你人氣一飛沖天的人氣部落格寫法。

※After
讓你人氣一飛沖天的部落格偷吃步小技巧。

59. 一句話消除顧客的不安

顧問、不動產、保險、住宅裝修等行業，幾乎只要打電話過去洽詢，就會被強迫推銷方案，令顧客觀感不佳，容易卻步，此時不妨在文案加上一句：

※ 本公司不會進行任何令顧客感到不適的促銷活動。

試用產品的文案也能利用這個小技巧，提前消除顧客的不安，使回饋率增加。

60. 公司名稱也是寫文案的一環

繼標題文案之後，最容易被閱讀的其實是公司名稱。因為消費者也會在意：「這到底是哪家公司？」最好的情況是，從你的公司名稱就能看出服務項目及提供的好處；如果不是，請在公司名稱前稍作簡介。

● 居家清潔公司就用「讓你家亮晶晶的〇〇公司」
● 外牆塗裝公司就用「讓你家牆壁光亮如新的〇〇公司」

61.「我寫這句話的目的到底是什麼呢？」

標題文案的用意是一舉抓住顧客的注意力，使他們想讀下去。聽起來很簡單，但沒有真正理解用意的人占了多數，這也是寫不出暢銷文案的最大原因——未釐清目的就開始寫。當你寫出一個句子時，請仔細地問自己：「我寫這句話的目的到底是什麼呢？」

62. 一句話消除「賺到？劣質品？」的疑慮

去便利超商尋找下酒菜時，時常能看到一堆便宜賣的起司鱈魚絲。拿起商品，包裝袋上寫著如下文案：

※ 鱈魚絲的長度在切割時並未完全一致，但美味度不變，買了非常划算。

便宜賣時，若能加上這麼一句文案，就能抹除「賺到？劣質品？」的疑慮。

63. 價格標示也是寫文案的一環

市面上常看到「折扣價○圓」、「打○折」的文案，這實在是很可惜的一件事。因為大部分的消費者都不知道折扣前的原價是多少。既然要打折，就仔細寫出到底便宜了多少錢吧，這對一般人不知道行情的商品來說特別重要。

64. 故事容易被流傳、被記住

你能對一位幼童說明「同心協力達成目標的重要性」嗎？應該很困難吧。不過，如果說故事《桃太郎》呢？眼前浮現出孩子專注聆聽的畫面了吧？而且，即使你手邊沒有書，也能說出大概的故事內容。這就是故事的力量。故事容易被流傳、被記住。

65. 文案和行銷是忍耐大賽

文案和行銷不是一擊命中的技術，我們要慢慢尋找失敗的原因，思考怎麼改良。也就是說，蹲得越低，之後就跳得越高。成功的創意都是「慢慢蹲出來的」。

66. 用七個提問突破滯銷魔咒

如果怎樣都賣不動呢？用這七個問題找到突破點吧。順利的話，還能讓業績往上跳一位數。

①顧客不限性別嗎？
②只有購買者本人可以使用嗎？
③其他年齡層可以用嗎？
④還有其他使用途徑嗎？
⑤其他行業的人能使用嗎？
⑥只能 B2C（企業對顧客）嗎？可以 B2B（企業對企業）嗎？
⑦有沒有人欣賞它的缺點呢？

67. 用消費者的價值觀來賣東西

人心不是那麼容易改變，即使搬出最佳解決方案，「不想改變現況」的心情依舊勝過一切。所以，我們要順著消費者相信的事物進行推銷，用他們親身經歷過的、他們認為正確的方式順水推舟，並提供「可以稍微往前推進」的誘人方案。不要「強迫推銷自己的觀念」，要「用消費者的價值觀順水推舟」。

68. 卡稿的真正原因

寫文案常常寫著寫著就會卡住，原因多半出在「小看了流程編排」。不過，我們也不能忽視「資訊不足」的問題。很多時候不是你「找不到靈感」，而是寫不出自己根本不知道的東西。

69. 暢銷祕訣就在 V 字型故事

你喜歡的電影和漫畫作品，故事流程是不是都是這樣走呢？

①日常→出現轉折
②谷底→跨越困難
③成功

這就是「V 字型故事流程」，好萊塢電影幾乎都是按照這個套路走，除此之外，V 字型故事流程也能提升廣告效益，使人的心情跟著起起伏伏，容易留下記憶。不少公眾人物的推特簡介和經歷介紹也多半都是這樣寫，原因就在於此。

70. 用消費者熟悉的語言介紹

文案必須力求好懂。不過，倘若是目標客群的日常專門術語，照著用讀起來會比較親切。例如牙醫「假牙 ⇒ 義齒」；美編設計師「圖過裁切線 ⇒ 出血」。販賣專門用品時，尤其重要。不了解行規的商人，說的話不足以採信。

71. 找出標題文案！

以下的共同點是？

① Email ⇒ 郵件主旨
②部落格 ⇒ 標題
③ YouTube ⇒ 標題 or 縮圖

答案「第一眼看見的文案」。沒錯，這些全是標題文案。任何媒體都有標題文案，需要小心地放在能一眼看見的位置。消費者會從標題文案來決定要不要讀，僅靠幾秒決勝負。

72. 看穿消費者的真心話

「你為什麼每次都吃大麥克？」這個問題有很高的機率得到說謊的答案：「因為大麥克的醬料很好吃啊！」真正的原因恐怕是「份量多」，只是不敢說，怕說了被笑：「難怪會胖。」像這樣，顧客常常隱藏真心話，用漂亮的理由來包裝。想要掌握消費者的喜好，就要推敲出他們的真心話。

73. 受歡迎的行銷文案基本型

再長的行銷文案，只要記住這個版型，就不會寫到暈頭轉向。

①標題文案（一秒抓住消費者的注意）
②引導文案（讓消費者好想讀下去）
③內容文案（為什麼可以實現好處）
④收尾文案（現在立刻報名的原因）
⑤直效反應回饋裝置（徹底簡化報名方式）

74. 把東西賣給需要的人的思考術

想不出好處是什麼，原因出在你不夠了解自己的客戶。不夠了解自己的客戶，

是因為你沒有鎖定目標客群。沒有鎖定目標客群，代表你老想把東西賣給不需要的人。放棄一網打盡的念頭，才是接近暢銷文案的不二法門。如此一來，才能把東西賣給需要的人。

75. 寫長文案的訣竅

長文案並不好寫，許多人要嘛寫得支離破碎，要嘛寫得連連卡關。但是，只要按照「希望消費者依序產生的反應」來寫，就會變得很好寫，還能增加說服力。例如下面這樣……

①聽起來滿有意思的。
②嗯嗯，沒錯！
③咦？怎麼回事？
④原來如此！
⑤既然這樣，要不買買看？

76. 讓人在意後續的文案

以下文案，哪個比較讓你在意後續呢？

文案 A「我考上東大了。」
文案 B「我怎麼會考上東大啊？」

不用說，當然是 B。B 是知名補習班廣告使用的標題文案。善用「為什麼？」、「怎麼會？」與「原因是？」，會讓你的文案更容易被讀。

77. 增加回應的一句話

有沒有辦法只靠一句話增加回應？我很想大叫：「沒有喔！」事實上是有的。根據過去經驗，「〇人限定」、「〇時結束」這類強調「時效性」及「稀少性」的文案能立刻奏效。因為有太多人心裡在想同一件事：「我是滿有興趣的，不過還是下次再買吧。」

78. 顧客這樣讀廣告

顧客都是怎麼讀廣告的？

A「從頭到尾細細閱讀。」
B「迅速瀏覽過去，挑想看的地方看。」

絕大多數人都是 B。因此，文案必須寫到所有購買相關須知，接著由顧客自行挑選必要的情報來讀，決定要不要買。這也是行銷文案字數很多的原因。

79. 介紹「不會損失」的方法

你敢參加這種賭博嗎？硬幣擲出正面，就能得到一萬圓；擲出反面，就要付五千圓。明明獲勝的報酬是損失的兩倍，但多數人都不會參加。這是非常有名的心理實驗，聽說損失帶來的痛苦，是獲得帶來的喜悅二～四倍。因此，我們除了介紹「獲得的方法」，也可以一併介紹「不會損失的方法」，這種文案通常很強。

80. 小標題等同第二個標題文案

小標題對登陸頁面、部落格和廣告單來說非常重要，好的文案只需看一眼「小標題」就覺得「值得讀下去」。也就是說，不是要你真的像篇章名一樣寫大意，要寫的是可以傳達好處，又能讓人想繼續看下去的句子。別忘記，小標題就是第二個標題文案。

81. 不要讓消費者耗腦力

每次修改文案，我都會再次體悟「絕對要避開艱澀用詞」。沒有人想耗腦力去看廣告。至今我寫過五花八門的行銷文案，連對象為醫師的醫療技術研討會廣告，都是淺顯易懂的反應較好（專門術語以外的描述）。業界盛傳著一句話：「請用十二歲小孩也能看懂的方式去寫。」真的是這樣。

82. 好懂的寫法

如何讓人一看就懂呢？

①句子連十二歲小孩都能看懂。
②具體說明。
③刪除贅字。
④善用數字。
⑤刪除無用的形容詞。
⑥把長文分割成短文。

方法滿多的，但首先還是必須傳達好處才行。少了這一步，消費者會判斷「沒有閱讀必要」，當然就不會看下去。研究「好懂」之前，「讓人好想懂」才是必要條件。

83. 具體化＋淺顯化＝好懂

遇到艱澀用詞，先具體描述是怎麼一回事，再用淺顯的方式說出來，就會變得很好懂。

例如「算定基礎屆」可以這樣寫：

①具體化
當月支付社會保險金，與未來能收到多少年金用的計算文件。

②淺顯化
知道能領多少社會保險金，與未來能收到多少年金用的文件。

84. 建立人物誌的要訣

人物誌是理想的顧客形象。許多公司會花費心思製作人物誌，因此更需要小心，

人物誌可不是填完大量資料就算數，請閉上眼睛，想像這位客人的模樣……請問，你能聽見他在說話嗎？能看見他的表情嗎？這位客人會在腦中活靈活現地動起來嗎？這些才是最重要的事。如果可以，那就 OK。附帶一提，替這位人物取個適合的名字，模樣會更加生動。名字是想像力的靈魂。

85. 標題文案測試的大原則

反應普普的廣告要怎麼測？測試標題文案時，變因一次只能有一個，否則出現差異時，會搞不清楚是哪裡造成的。

【A】在寒冷的冬天也會流汗的發熱衣。
【B】在寒冷的冬天一樣暖呼呼的發熱衣。

請注意，假如你的廣告毫無反應，做這樣的測試是沒意義的。

86. 猛一看就覺得必須讀的寫法

把好處放在標題，特色用條列式寫出來，猛一看就會讓人覺得「好有價值必須讀」。

※ 用礦物質替蛀牙殺菌的美國最新牙醫技術，幾乎不用鑽牙，完全不會痛。

↓↓↓

「無痛蛀牙治療」
● 幾乎不用鑽牙
● 用礦物質替蛀牙殺菌
● 美國最新牙醫技術

87. 從不同角度切入

小學的時候，總覺得寫閱讀心得相當痛苦，怎樣都寫不出來。但是，如果題目換成「請全力向班上同學介紹你喜歡的書」，感覺就容易多了，而且還能延伸成對未來有用的技能。寫出來的文案效果不好時，不妨換個角度思考吧。

88. 圖正下方的文案容易被看見

圖正下方的文字叫做「圖說」，這個位置的字很容易被閱讀。你通常都怎麼寫？不要真的做圖片說明，請寫會吸引人讀廣告內文的句子。這行字的作用是引導其他字受到關注。

89. 一定要做好調查功課

我不打算讓自家孩子參加升學營，我希望他找到一件自己喜歡的事情，認真去做，每天和朋友打打鬧鬧，自由自在地成長。即使我自己是這樣帶小孩，我還是寫了許多招生文案，幫助超過一百家補習班招生成功。我能做到這件事，是因為事前調查得很仔細。透過市場調查了解與自己不同的價值觀是很重要的態度。

90. 噁心的情書就行了，你確定？

「你就把寫文案當作寫情書吧！」這是從前人家教我的。但是，情書大部分都很噁心。「那就寫得噁心一點啊！」不，話當然不是這樣說。情書這種東西，要讓喜歡的對象收到時會高興才行。也就是說，在發送熱情的訊號前，先慢慢打好關係比較重要。

91. 消費者的腦中沒有正確解答

標題放這句話好嗎？有放圖比較好嗎？申請按鈕放在最前面比較好嗎？這些問題通通錯誤，該不該放，要做了廣告測試才知道。有時會出現書裡沒寫，令人意想不到的結果喔。

92. 把命令改成請求

責罵孩子時，跟孩子說：「希望你相信爸爸。」絕對比「小孩子就該聽大人的話！」更有用。這不限年齡、性別，討厭「被命令」是人的天性，如果改成「請求」的話，多數人都願意聽。

93. 切勿強迫推銷，文案的作用是讓顧客主動想買

「要來大賣一波囉！」當你充滿幹勁時，記得要先放鬆力氣，邊喝咖啡邊思考：

「什麼人需要這個東西呢？」
「要說什麼話，才能讓他們回頭呢？」

如此一來，就能站在消費者的立場寫文案了。千萬不要強迫推銷，我們要讓顧客主動想買。

94. 大家愛讀哪種文案？

提出消費者想知道的解決方案，而不是一直說自家產品多好多好。用這個方向來思考，寫出來的文案就會讓人想讀。

95. 說服失敗的主因

你越想努力說服別人，別人通常離你越遙遠。請把重點放在「讓別人自己察覺」，察覺自己有哪些需要沒被滿足、察覺該怎麼做才能滿足需求、察覺原來有更聰明的做法可以滿足需求。人無法改變另一個人，只能給予別人想主動改變的契機。

96. 寫出暢銷文案的訣竅

大部分人只要正確掌握這三個方向，就能寫出比現在更有效力的文案。

①抓對目標；

②了解目標需要什麼；

③說出實現目標的魅力。

97. 暢銷文案三原則

①傳達好處
顧客掏錢是為了從商品得到期望的好結果（好處）。

②抓對目標
不先了解顧客的模樣，就無法得知他們需要什麼好處。

③叩問
人無法改變別人，所以要藉由叩問，讓消費者察覺自己的需求，並且願意展開行動。

98. 普通文案與暢銷文案的差異
普通的文案開頭就會報出商品，描述這項產品有多好。換句話說，只有本來就對商品感興趣的人會看。暢銷文案會在開頭傳達好處（可以得到好結果），再告訴他們如何實現願望，所以多數人都會想讀。

99. 標題文案是一切的起點
顧客對廣告的反應：

①不想讀；

②不相信；

③不行動（不買）。

這是廣告界的傳奇人物，麥克斯韋‧薩克海姆提倡的不朽三原則。不先突破①，就不會有②跟③。所以標題文案才會這麼重要。少了讓人「來看看吧」的第一個動機，就不會有後面這些結果了。

100. 行銷文案到底是什麼？

請不要誤會，行銷文案並非靠著誇大不實的廣告詞，把沒必要的產品強迫推銷給不需要的人。任何商品，一定都有渴求得到它的消費者。撰寫行銷文案要做的事，就是找出這些人，想出能打中他們的提案，把產品本身的魅力好好地說出來。這是一門把產品賣給「需要的人」的販售技術。

各位讀者好，謝謝你們陪伴這本厚厚的專書來到最後一頁。

在這邊，請你們翻回本書開頭的「問題」。現在，你已經了解行銷文案最重要的「訴求」和「表現手法」了，有沒有一種脫胎換骨、眼前世界一亮的感覺呢？現在的你應該有自信把「黑香蕉」賣出去了吧？

任何商品和服務，一定有它的「優勢」。期待本書成為你探索優勢的「好武器」，我們下次見。

結語——從「賺錢」關係到「存亡」的寫作技巧

新冠病毒肆虐以來，人們的工作型態出現了劇烈轉變，許多行業被迫改變商業模式，其中又以「不需要面對面、不需要接觸的方式」成長最旺，成為多數行業研討的重要課題。而「無接觸」最需要的，就是「打動人心的文字」。

我開設的線上沙龍課也因為疫情的關係增加了許多學生，他們急著想知道外送廣告怎麼寫、如何把實體教室改為線上教學、如何透過網站增加收益，有更多更多的人，紛紛加入行銷文案的學習行列。

令人開心的是，大部分行銷文案的初學者都能靠著這門技術突破困境。行銷文案的寫作技巧，已是「無接觸」商業模式裡不可或缺的一環。

我親眼目睹了這些變化，並確定了一件事——行銷文案不是賺錢的技術，而是求生的技術。走在辛苦的時代，我只盼望能有多一個人，因為學會了行銷文案而突破困境、找到幸福。

最後和你分享一句話，你的商品絕對有救，賣不好只是因為沒遇到懂它優點的人。一份好的行銷文案，能把他們帶往你身邊。

行銷文案寫手　大橋一慶

國家圖書館出版品預行編目（CIP）資料

發黑的香蕉怎麼賣？：從「不需要」變「好想要」!看見、讀完立刻買單的文字技巧/大橋一慶著；韓宛庭譯. -- 初版.-- 臺北市：商周出版：英屬蓋曼群島商家庭傳媒股份有限公司城邦分公司發行, 民111.09
392面；14.8×21公分. -- (ideaman；146)
譯自：セールスコピー大全：見て、読んで、買ってもらえるコトバの作り方
ISBN 978-626-318-367-4(平裝)
1.CST: 廣告文案　2.CST: 廣告寫作
497.5　　　　　　　　　　　　　　　　111010838

ideaman 146

發黑的香蕉怎麼賣？
從「不需要」變「好想要」！看見、讀完立刻買單的文字技巧

原 著 書 名／セールスコピー大全：見て、読んで、買ってもらえるコトバの作り方　　譯　　者／韓宛庭
原 出 版 社／株式会社ぱる出版　　企 劃 選 書／劉枚瑛
作　　　者／大橋一慶　　責 任 編 輯／劉枚瑛

版　權　部／吳亭儀、江欣瑜、林易萱
行 銷 業 務／黃崇華、賴正祐、周佑潔、華華
總　編　輯／何宜珍
總　經　理／彭之琬
事 業 群 總 經 理／黃淑貞
發　行　人／何飛鵬
法 律 顧 問／元禾法律事務所　王子文律師
出　　版／商周出版
　　　　　台北市104中山區民生東路二段141號9樓
　　　　　電話：(02) 2500-7008　傳真：(02) 2500-7759
　　　　　E-mail：bwp.service@cite.com.tw
　　　　　Blog：http://bwp25007008.pixnet.net./blog
發　　　行／英屬蓋曼群島商家庭傳媒股份有限公司城邦分公司
　　　　　台北市104中山區民生東路二段141號2樓
　　　　　書虫客服專線：(02)2500-7718、(02) 2500-7719
　　　　　服務時間：週一至週五上午09:30-12:00；下午13:30-17:00
　　　　　24小時傳真專線：(02) 2500-1990；(02) 2500-1991
　　　　　劃撥帳號：19863813　戶名：書虫股份有限公司
　　　　　讀者服務信箱：service@readingclub.com.tw
　　　　　城邦讀書花園：www.cite.com.tw
香 港 發 行 所／城邦(香港)出版群組有限公司
　　　　　香港灣仔駱克道193號超商業中心1樓
　　　　　電話：(852) 25086231傳真：(852) 25789337
　　　　　E-mailL：hkcite@biznetvigator.com
馬 新 發 行 所／城邦(馬新)出版群組【Cité (M) Sdn. Bhd】
　　　　　41, Jalan Radin Anum, Bandar Baru Sri Petaling,
　　　　　57000 Kuala Lumpur, Malaysia.
　　　　　電話：(603)90578822　傳真：(603)90576622
　　　　　E-mail：cite@cite.com.my

美 術 設 計／簡至成
印　　　刷／卡樂彩色製版印刷有限公司
經　銷　商／聯合發行股份有限公司
　　　　　電話：(02)2917-8022　傳真：(02)2911-0053

■2022年（民111）9月6日初版
■2023年（民112）12月12日初版3刷
定價／460元　　　　　　　　　　　　Printed in Taiwan

SALESCOPY TAIZEN MITE, YONDE, KATTE MORAERU KOTOBA NO TSUKURIKATA
by Kazuyoshi Ohashi
Copyright © Kazuyoshi Ohashi, 2021
All rights reserved.
Original Japanese edition published by Pal Publishing
Traditional Chinese translation copyright © 2022 by BUSINESS WEEKLY
PUBLICATIONS, a division of Cite Publishing Ltd.
This Traditional Chinese edition published by arrangement with Pal Publishing, Tokyo,
through HonnoKizuna, Inc., Tokyo, and Bardon Chinese Media Agency

城邦讀書花園
www.cite.com.tw

線上版讀者回函卡